Rheinisch-Westfälische Akademie der Wissenschaften

Natur-, Ingenieur- und Wirtschaftswissenschaften   Vorträge · N 370

Herausgegeben von der
Rheinisch-Westfälischen Akademie der Wissenschaften

FRIEDRICH HIRZEBRUCH
Codierungstheorie und ihre Beziehung
zu Geometrie und Zahlentheorie

DON ZAGIER
Primzahlen: Theorie und Anwendung

Springer Fachmedien Wiesbaden GmbH

335. Sitzung am 5. November 1986 in Düsseldorf (F. Hirzebruch)
359. Sitzung am 7. Juni 1989 in Düsseldorf (D. Zagier)

CIP-Titelaufnahme der Deutschen Bibliothek

Hirzebruch, Friedrich:
Codierungstheorie und ihre Beziehung zu Geometrie und Zahlentheorie / Friedrich Hirzebruch. Primzahlen: Theorie und Anwendung / Don Zagier. – Opladen: Westdeutscher Verlag, 1989
 (Vorträge / Rheinisch-Westfälische Akademie der Wissenschaften: Natur-, Ingenieur- und Wirtschaftswissenschaften; N 370)

NE: Zagier, Don: Primzahlen; Rheinisch-Westfälische Akademie der Wissenschaften (Düsseldorf): Vorträge / Natur-, Ingenieur- und Wirtschaftswissenschaften

© 1989 by Springer Fachmedien Wiesbaden
Ursprünglich erschienen bei Westdeutscher Verlag GmbH Opladen 1989.

ISSN 0066-5754

ISBN 978-3-531-08370-4   ISBN 978-3-663-14485-4 (eBook)
DOI 10.1007/978-3-663-14485-4

Inhalt

Friedrich Hirzebruch, Bonn
Codierungstheorie und ihre Beziehung zu
Geometrie und Zahlentheorie 7
Was sind Codes? 7
Was sollen Codes leisten? 11
Der Hamming-Code 13
Reed-Solomon-Codes 15
Automorphismengruppe und Gitter zu einem Code 16
Kußzahl und Dichte 21
Codes, Thetareihen und Modulformen 23
Golay-Code und einfache Gruppen 28
Literatur 33

Don Zagier, Bonn
Primzahlen: Theorie und Anwendung 35

Diskussionsbeiträge
  Professor Dr. rer. nat., Dr. h. c. mult. *Friedrich Hirzebruch;* Professor
  Don B. Zagier, Ph. D.; Professor Dr. rer. nat., Dr. sc. techn. h. c. *Bernhard
  Korte;* Professor Dr.-Ing. *Manfred Depenbrock;* Professor Dr.-Ing. *Rolf
  Staufenbiel* 49

Codierungstheorie und ihre Beziehung zu Geometrie und Zahlentheorie

von *Friedrich Hirzebruch*, Bonn

Ausarbeitung in erweiterter Form von Herrn Nils-Peter Skoruppa. Für Durchsicht und Korrekturen bin ich Herrn Ulrich Everling dankbar.

Die Codierungstheorie versucht, möglichst effiziente Wege der Nachrichtenübermittlung aufzuzeigen. Effizienz bedeutet hierbei: ein möglichst geringer Energieaufwand bei gleichzeitig möglichst großer Redundanz. Die mathematische Normalisierung dieses Problems führt zu bestimmten endlichen Strukturen, den Codes. Überraschenderweise sind nun die für den Codierungstheoretiker interessanten Fragestellungen über Codes auf das Engste verflochten mit teilweise sehr alten Fragestellungen aus der reinen Mathematik, die auf den ersten Blick nichts mit Codierungstheorie zu tun haben und die von Mathematikern völlig unabhängig studiert wurden oder noch studiert werden.

Was sind Codes?

Betrachten wir ein naheliegendes Beispiel. Seit 1969 wird jedes in Westeuropa oder den USA erscheinende Buch mit der Internationalen Standard-Buchnummer (ISBN) versehen. Solch eine ISB-Nummer ist 10-stellig, z.B.

3-531-08370-8

(an der zehnten Stelle taucht gelegentlich statt einer Ziffer das Symbol X auf). Die eigentliche Information, also die Nummer eines Buches, ist hierbei die aus den ersten 9 Ziffern gebildete Zahl. Die letzte Ziffer ist eine sogenannte Kontrollziffer. Sie ist so bestimmt, daß für eine ISB-Nummer $a_1 a_2 a_3 \ldots a_{10}$ die Zahl $1 \cdot a_1 + 2a_2 + 3a_3 + \ldots + 10 a_{10}$ stets durch 11 teilbar ist (wobei gegebenenfalls das Symbol X als Zahl 10 zu interpretieren ist). So ist im obigen Beispiel

$1\cdot 3 + 2\cdot 5 + 3\cdot 3 + 4\cdot 1 + 5\cdot 0 + 6\cdot 8 + 7\cdot 3 + 8\cdot 7 + 9\cdot 0 = 151.$

Folglich muß die letzte Ziffer eine 8 sein:

$151 + 8\cdot 10 = 231 = 11\cdot 21.$

Die Kontrollziffer hat den offensichtlichen Vorteil, in einem gewissen Umfang vor Fehlern zu schützen, die beim Abdruck der ISB-Nummer in einem Katalog, beim Abspeichern in einem Computer oder sonstwo auftreten können. Wird etwa genau eine Ziffer beim Übermitteln einer ISB-Nummer falsch weitergegeben, z. B.

3-511-08370-8

an Stelle der oben gegebenen Nummer, so wird – wie man sich leicht überlegen kann – die empfangene Nummer auf keinen Fall mehr die oben beschriebene, charakteristische Eigenschaft einer ISB-Nummer haben; im Beispiel ist $1 \cdot 3 + 2 \cdot 5 + 3 \cdot 1 + 4 \cdot 1 + 5 \cdot 0 + 6 \cdot 8 + 7 \cdot 3 + 8 \cdot 7 + 9 \cdot 0 + 10 \cdot 8 = 225$, und die Zahl ist nicht durch 11 teilbar. Die ISB-Nummern sind also so beschaffen, daß *ein* Fehler stets entdeckt werden kann. Ist die Stelle des Fehlers bekannt, so kann er sogar korrigiert werden: Im Beispiel ist die dritte Stelle falsch. Es ist eine Zahl a zwischen 0 und 9 zu bestimmen, so daß

$1 \cdot 3 + 2 \cdot 5 + 3 \cdot a + 4 \cdot 1 + 5 \cdot 0 + 6 \cdot 8 + 7 \cdot 3 + 8 \cdot 7 + 9 \cdot 0 + 10 \cdot 8 = 222 + 3 \cdot a$

durch 11 teilbar ist, und diese Aufgabe hat genau eine Lösung, nämlich a = 3. Der Fehler ist korrigiert. Treten mehr als ein Fehler auf, so kann es allerdings geschehen, daß diese Fehler nicht mehr entdeckt werden; z. B. weicht 3-531-07350-8 an genau zwei Stellen von der anfangs gegebenen ISB-Nummer ab und ist dennoch eine korrekte ISB-Nummer.

Der Codierungstheoretiker würde die eben geschilderte Situation folgendermaßen beschreiben. Gegeben ist ein endliches Alphabet A – hier die Ziffern 0 bis 9 und das Symbol X. Aus den Buchstaben des Alphabets A werden Wörter zu je n Buchstaben gebildet – hier ist n = 10. Die Menge aller möglichen, n-stelligen Wörter wird mit A^n bezeichnet. In dieser Menge A^n aller n-stelligen Wörter wird nun eine Teilmenge C, ein „Code", als Menge der zulässigen Wörter ausgezeichnet. Die Wörter in C heißen dann Codewörter. Im Beispiel besteht der Code aus den Wörtern $a_1 a_2 a_3 \ldots a_{10}$, für die $1 \cdot a_1 + \ldots + 10 \cdot a_{10}$ durch 11 teilbar ist und unter a_1 bis a_9 kein X vorkommt.

In der Praxis ist A natürlich kein willkürlich gewähltes Alphabet. Um mit einem Code zu arbeiten, muß man ihn beschreiben können. Die naheliegende Möglichkeit, einen Code zu beschreiben, indem man die Codewörter auflistet, ist nicht praktikabel (der ISBN-Code enthält 1 000 000 000 Codewörter). Was benötigt wird, ist ein möglichst einfacher Algorithmus, der entscheidet, ob ein vorgelegtes Wort ein Codewort ist oder nicht. Im ISBN-Beispiel besteht dieser Algorithmus aus einigen Additionen, Multiplikationen und einem Test auf Teilbarkeit durch 11. Die offensichtliche Ursache für diese erhebliche Vereinfachung ist die Tatsache, daß das Alphabet beim ISBN-Code aus Ziffern besteht, und mit Ziffern kann man algorithmisch operieren, genauer: man kann sie addieren und multiplizieren. Es ist daher nicht verwunderlich, daß die in der Praxis verwendeten Alphabete meist so beschaffen sind, daß man mit den Buchstaben „rechnen" kann.

Tatsächlich sind die am häufigsten verwendeten Alphabete „endliche Körper". Auch beim ISBN-Code gehen die etwas tiefer liegenden Eigenschaften (ein Fehler kann entdeckt und - falls die Stelle des Fehlers bekannt ist - sogar korrigiert werden) auf die Tatsache zurück, daß 11 eine Primzahl ist, und daß man die Ziffern 0, ..., 9, X als Elemente des Körpers $\mathbb{F}_{11}$ auffassen kann. Was ist ein endlicher Körper?

Studiert wurden endliche Körper zuerst von dem französischen Mathematiker EVARISTE GALOIS (1811-1832). Die einfachsten Beispiele erhält man folgendermaßen: Zu einer fest gewählten Primzahl p bezeichne $\mathbb{F}_p$ die Menge aller möglichen Reste, die bei Division einer ganzen Zahl durch p auftreten können; $\mathbb{F}_p$ besteht also aus den Zahlen 0, 1, 2, ..., p − 1. Man kann mit den Zahlen in $\mathbb{F}_p$ rechnen, indem man als Summe zweier Zahlen a, b aus $\mathbb{F}_p$ diejenige Zahl c aus $\mathbb{F}_p$ vereinbart, für die $a + b \equiv c \bmod p$ gilt. Letzteres ist eine in der Mathematik übliche Schreibweise und bedeutet, daß a + b − c durch p teilbar ist, oder - was gleichbedeutend ist - daß c der Rest von a + b bei Division durch p ist. Analog vereinbart man als Produkt von a und b diejenige Zahl d in $\mathbb{F}_p$, so daß $a \cdot b \equiv d \bmod p$ ist. Mit der so erklärten Addition und Multiplikation in $\mathbb{F}_p$ kann man nun genau so rechnen, wie man etwa mit rationalen Zahlen rechnet. (Die Voraussetzung, daß p eine Primzahl ist, ist notwendig, um sicherzustellen, daß zu jedem von 0 verschiedenen Element a in $\mathbb{F}_p$ ein b gefunden werden kann, sodaß $a \cdot b \equiv 1 \bmod p$ gilt, d. h. daß in $\mathbb{F}_p$ die Division durch a erklärt ist.)

In der Nachrichten- und Computertechnik verwendet man häufig aus naheliegenden Gründen als Alphabet den Körper $\mathbb{F}_2$, d. h. die Buchstaben 0, 1 („Strom fließt, Strom fließt nicht"). Jeden dieser Buchstaben bezeichnet man auch als „Bit". Ein 5-Bit-Wort ist also ein Element von $(\mathbb{F}_2)^5$. Hier ist die Additions- und Multiplikationstabelle für den Körper $\mathbb{F}_2$:

+	0	1		·	0	1
0	0	1		0	0	0
1	1	0		1	0	1

Diese Tabellen sind auch vom „ausschließenden Oder" bzw. „Und" der Aussagenlogik bekannt.

Allgemein gibt es zu einer vorgelegten natürlichen Zahl n genau dann einen Körper mit n Elementen, wenn n eine Primzahlpotenz ist. Dieser Körper ist (genauer: seine Rechenregeln sind) völlig eindeutig durch Angabe von n bestimmt, und er wird mit $\mathbb{F}_n$ bezeichnet.

Auch die für den Nicht-Mathematiker vielleicht etwas fremdartig erscheinenden Körper $\mathbb{F}_n$, wo n nicht gerade eine Primzahl ist, finden in der Praxis Verwendung. So wurde zum Beispiel der Körper $\mathbb{F}_{256}$ ($256 = 2^8$) benutzt, um Informationen von der Raumsonde Giotto, die zur Beobachtung des Kometen Halley eingesetzt war, zur Erde zu übermitteln. Genauer wurde dabei ein sogenannter Reed-Solomon-Code, bestehend aus 255-stelligen Wörtern über dem Alphabet $\mathbb{F}_{256}$, benutzt. Dies klingt weit weniger verblüffend, wenn man weiß, daß man jedes Element von $\mathbb{F}_{256}$ selbst als 8-Bit-Wort auffassen kann. Es gibt ein Element a in $\mathbb{F}_{256}$, so daß sich jedes weitere Element in $\mathbb{F}_{256}$ in der Form $a_0 + a_1 \cdot a + a_2 \cdot a^2 + \ldots + a_7 \cdot a^7$ mit einem eindeutig bestimmten 8-Bit-Wort $a_0 a_1 \ldots a_7$ schreiben läßt („+", „·", „a^2", ... stehen hierbei natürlich für die Addition, Multiplikation bzw. Potenz im Körper $\mathbb{F}_{256}$). Also hat man zum Beispiel

8-Bit-Wort	Element von $\mathbb{F}_{256}$
01100010	$a + a^2 + a^6$
01000111	$a + a^5 + a^6 + a^7$

Nun gibt es genau 240 verschiedene solche a, d. h. fast jedes Element in $\mathbb{F}_{256}$ hat die beschriebene Eigenschaft. Man kann es aber so einrichten, daß etwa

$$a^8 = a^4 + a^3 + a^2 + 1$$

gilt (es gibt genau 8 verschiedene solche a, und jedes solche a hat noch die bemerkenswerte Eigenschaft, daß $1, a, a^2, a^3, \ldots, a^{254}$ genau die von 0 verschiedenen Elemente des Körpers sind). Damit ist dann aber klar, wie man im Körper $\mathbb{F}_{256}$ rechnet: in der naheliegenden Art und Weise unter Einbeziehung der Rechenregel $a^8 = a^4 + a^3 + a^2 + 1$; also z. B.

$$(1+a) + (1+a^4) = (1+1) + a + a^4 = a + a^4,$$
$$(1 + a^3 + a^5)(1 + a^4) = 1 + a^3 + a^5 + a^4 + a^7 + a^9$$
$$= 1 + a^3 + a^4 + a^5 + a^7 + a(a^4 + a^3 + a^2 + 1)$$
$$= 1 + a + a^7 .$$

Man mag einwenden, daß es sich bei dem Reed-Solomon-Code im Grunde doch um einen binären Code, d. h. einen Code über $\mathbb{F}_2$, handelt. Dies mag man zwar so sehen (und man bezeichnet einen Reed-Solomon-Code deshalb auch als „block-code"); allerdings würde man bei einer Einengung auf diese Sichtweise die weiter unten gegebene Erklärung dieses Codes nicht verstehen, und man hätte ihn ohne Kenntnis des Körpers $\mathbb{F}_{256}$ wohl kaum entdeckt. Welchen Sinn hat $(10010100) \cdot (10001000) = (11000001)$, wenn nicht den oben beschriebenen?

Vor einiger Zeit ist die digitale Informationsverarbeitung in Form des Compact-Disc-Systems in der Unterhaltungselektronik angewandt worden. Insbesondere wird dabei eine Kombination von zwei Reed-Solomon-Codes (Cross-Interleaved Reed-Solomon-Code) benutzt. In CD-Plattenspielern ist also in bestimmter Art und Weise der Körper $\mathbb{F}_{256}$ implementiert.

Allgemein ist ein Code zunächst lediglich eine Menge C von Codewörtern in der Menge A^n aller n-stelligen Wörter über einem Alphabet A, wobei A meist ein Körper $\mathbb{F}_q$ ist. Um zu sehen, was solch ein Code soll, und welche Forderungen ein Codierungstheoretiker an einen Code stellt, müssen wir etwas zum Thema „Übermitteln von Nachrichten" sagen.

Was sollen Codes leisten?

Sicherlich stark vereinfacht stellen wir uns eine Nachrichtenübermittlung in drei Schritte zerlegt vor:

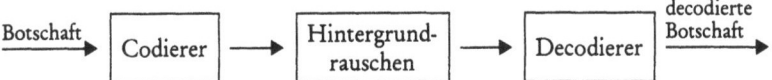

Eine Botschaft wird in einen Codierer eingegeben; dies können die in bestimmten Zeitabständen gemessenen Daten eines akustischen Signals, die Schwärzung der Punkte eines Rasters zur Erfassung eines Bildes (vielleicht durch die Kamera einer Raumsonde aufgenommen) oder für den Speicher eines Computers bestimmte (eventuell vom Computer selbst berechnete) Daten sein. Diese Botschaft verläßt den Codierer als Folge von Codewörtern eines Codes C in einer Menge A^n von n-stelligen Wörtern; technisch zum Beispiel als Folge von elektrischen Spannungsstößen verschiedener Stärke. Solch ein Codewort durchläuft nun einen „Informationskanal" und ist dabei einem „Hintergrundrauschen" ausgesetzt. „Informationskanal" kann dabei ein elektromagnetisches Feld sein, es kann aber auch für den Prozeß des Abspeicherns und anschließenden Wiederaufrufens eines Binärwortes in einem Computer stehen. Auch das Wort „Hintergrundrauschen" ist nicht wörtlich zu nehmen; es kann elektrische Interferenz, Staub oder Kratzer auf einer CD-Platte oder auch das Bombardement eines Computer-Chips durch α-Teilchen bedeuten. Dieses Hintergrundrauschen bewirkt jedenfalls, daß ein Codewort möglicherweise verfälscht zum Decoder gelangt. Es ist natürlich wünschenswert, solche Verfälschungen, d. h. Fehler, zu entdecken. Nun ist dies in gewissem Maße gerade durch die Unterscheidung zwischen Codewörtern und Nicht-Codewörtern gegeben – denken wir an den ISBN-Code, der einen Fehler entdecken kann. Wie aber soll die Decodierungsvorrichtung auf einen für sie offensichtlichen Fehler reagieren?

Bei den ersten Computern wurde im Fall, daß bei einer Zwischenrechnung kein zulässiges Binärwort – also kein Codewort – herauskam, der gesamte Rechenvorgang angehalten. Der Geschichte nach soll dieses R. W. Hamming 1947 dazu geführt haben, den ersten praktikablen Fehler-korrigierenden Code zu entwickeln. Die Idee ist, den Code C so zu wählen, daß die Codewörter sich möglichst stark voneinander unterscheiden. Die Decodierungsvorrichtung sucht dann zu einem empfangenen Wort das diesem Wort ähnlichste Codewort heraus.

Hier das vielleicht einfachste Beispiel, der sogenannte Repetition-Code: Die zu übertragende Information ist „Ja" oder „Nein". „Ja" wird in 11111, „Nein" in 00000 codiert; also C = {11111,00000} als Teilmenge von $(\mathbb{F}_2)^5$. Empfängt der Decodierer 01001, so ist es – mangels besserer Einsicht – vernünftig, anzunehmen, daß „Nein" gesendet wurde, denn 01001 unterscheidet sich nur an zwei Stellen von 00000, aber an drei Stellen von 11111. Der Decodierer gibt also „Nein" als decodierte Botschaft aus. Man überlegt sich leicht, daß dieser Code *zwei* Fehler korrigiert, d. h.: Tritt an höchstens zwei Stellen ein Übermittlungsfehler auf, so werden diese in jedem Fall erkannt und korrigiert. Wir bemerken einen wesentlichen Unterschied zum ISBN-Code: Der ISBN-Code kann keinen Fehler korrigieren (es sei denn, die Stelle des Fehlers ist bekannt).

Um dieses Phänomen quantitativ zu erfassen, bezeichnet man für zwei Wörter W und W' gleicher Länge über einem gegebenen Alphabet mit $d(W, W')$ die Anzahl der Stellen, an denen sich W und W' unterscheiden, also z. B. $d(101, 122) = 2$. Die Zahl $d(W, W')$ nennt man auch Hamming-Abstand von W und W'. Mit d bezeichnen wir den Minimalabstand eines gegebenen Codes C, d. h. den kleinsten Abstand $d(W, W')$, der auftritt, wenn W und W' die voneinander verschiedenen Wörter von C durchlaufen. Beim ISBN-Code ist $d = 2$, beim Repetition-Code ist $d = 5$.

Man kann sich nun überlegen, daß ein Code mit Minimalabstand d genau t Fehler korrigiert, wobei t durch $d = 2t + 1$ (für ungerades d) bzw. $d = 2(t + 1)$ (für gerades d) erklärt ist.

Um Nachrichten möglichst sicher zu übermitteln, ist man demnach an Codes mit möglichst großem Minimalabstand d interessiert. Der Repetition-Code hat $d = 5$; er ist für den Codierungstheoretiker dennoch nicht ohne Makel. Er ist zu aufwendig: fünf Bit zur Übertragung einer 1-Bit-Information. Eine Raumsonde unterliegt Energie- und Zeitbeschränkungen, bei Computern ist kein Speicherplatz zu vergeuden. Dies führt aber auch schon zu dem grundsätzlichen Problem der Codierungstheorie: Erwünscht sind Codes mit großem Minimalabstand d, d. h. stark unterschiedlichen Codewörtern. Dies zieht aber nach sich, daß man ein großes Alphabet oder Wörter mit vielen Stellen verwenden muß, also jedenfalls einen großen Aufwand. Letzteres ist wiederum unerwünscht.

Um diese Problematik quantitativ zu erfassen, führt man neben dem Minimalabstand d noch die Informationsrate R eines Codes C aus A^n ein:

$$R = \frac{\log_2 |C|}{\log_2 |A^n|}.$$

Hierbei steht $|C|$ bzw. $|A^n|$ für die Anzahl der Codewörter bzw. der überhaupt möglichen Wörter. Die Zahl $\log_2 |C|$ (und ähnlich $\log_2 |A^n|$) ist hierbei als minimale Anzahl von Bit's – etwa Ja-Nein-Entscheidungen – zu sehen, die man benötigt, um jedes beliebige Codewort mit Sicherheit aufzufinden.

Mit diesen Bezeichnungen läßt sich nun das Hauptproblem der Codierungstheorie etwas überspitzt folgendermaßen formulieren: Es sollen Codes gefunden werden, die die beiden inkompatiblen Ziele eines großen Minimalabstands d und einer großen Informationsrate R verwirklichen.

Der Hamming-Code

Der historisch wohl erste der etwas subtileren und effizienteren Codes ist der Hamming-Code: Jede Information, die gesendet werden soll, besteht aus 4-Bit-Wörtern. Tatsächlich gesendet wird ein 7-Bit-Wort, d. h. es wird an jede 4-Bit-Information eine 3-Bit-Kontrollfolge angehängt. Dies geschieht folgendermaßen: Ist $\varepsilon_0\varepsilon_1\varepsilon_2\varepsilon_3$ ein 4-Bit-Wort, also $\varepsilon_i = 0$ oder $= 1$, so setzen wir

$$k_1 = \varepsilon_0 + \varepsilon_2 + \varepsilon_3, \quad k_2 = \varepsilon_0 + \varepsilon_1 + \varepsilon_3, \quad k_3 = \varepsilon_0 + \varepsilon_1 + \varepsilon_2.$$

Gerechnet wird hierbei in $\mathbb{F}_2$, also $k_1 = 0$ oder 1 je nachdem, ob die Summe der Zahlen $\varepsilon_0, \varepsilon_2, \varepsilon_3$ gerade ist oder nicht etc. Das 7-Bit-Wort $\varepsilon_0\varepsilon_1\varepsilon_2\varepsilon_3 k_1 k_2 k_3$ ist das Codewort, welches gesendet wird. Eine Übersetzungstabelle und eine andere nette Beschreibung des Hamming-Codes findet man in Abb. 1 und Abb. 2.

Der Hamming-Code ist ein sogenannter linearer Code: Da $\mathbb{F}_2$ ein Körper ist, trägt $(\mathbb{F}_2)^7$ in natürlicher Art und Weise die Struktur eines 7-dimensionalen Vek-

Abb. 1: Die Übersetzung der 4-Bit Information in 7-Bit-Codewörter beim Hamming-Code.

The Hamming code of dimension four

0000 becomes 0000000	1000 becomes 1000111
0001 becomes 0001110	1001 becomes 1001001
0010 becomes 0010101	1010 becomes 1010010
0011 becomes 0011011	1011 becomes 1011100
0100 becomes 0100011	1100 becomes 1100100
0101 becomes 0101101	1101 becomes 1101010
0110 becomes 0110110	1110 becomes 1110001
0111 becomes 0111000	1111 becomes 1111111

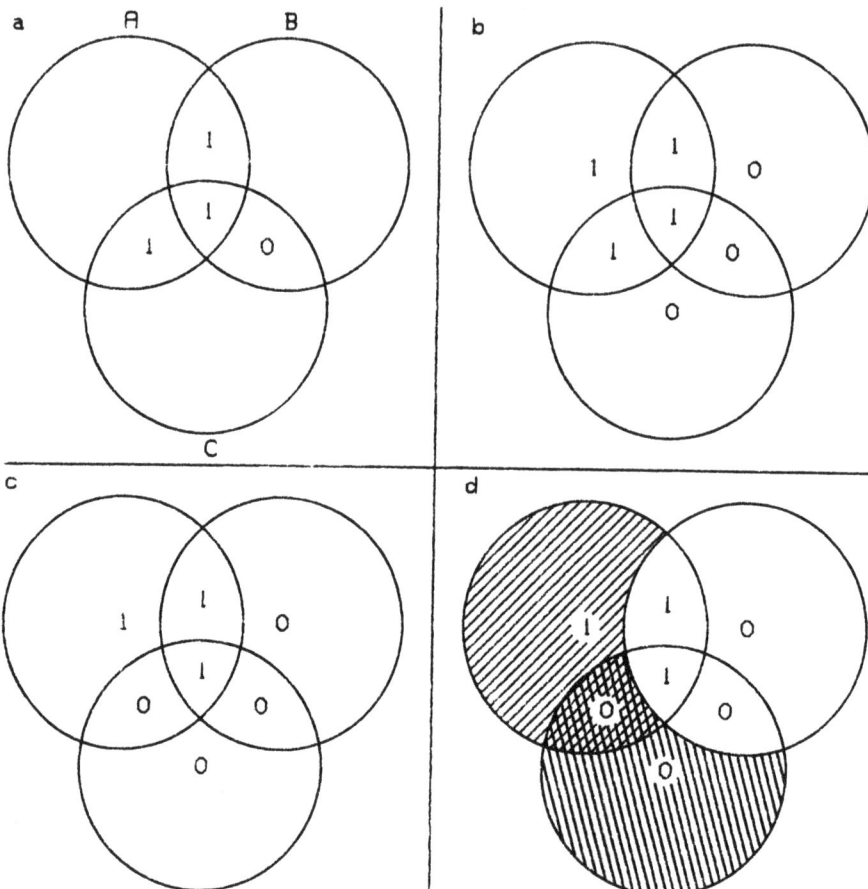

Abb. 2: Hamming Code is the simplest of the error-correcting procedures devised by Richard Hamming at the Bell Telephone Laboratories and employed today to protect data in computer memories. The (7, 4) code requires three so-called parity bits to protect each four bits of data. The construction called a Venn diagram depicts the scheme. Four bits of information are stored in the four central compartments of the diagram (a). Then three parity bits are stored (b). The rule is that the total number of 1's in each circle must be even. A soft error changes one of the data bits (c). The error is detected by reexamining the parity bits, which reveal (d) something wrong in circle A and circle C but not in circle B.

torraumes über $\mathbb{F}_2$, genau so, wie die reellen 7-Vektoren $(x_1, x_2, \ldots, x_7)$ einen 7-dimensionalen Vektorraum über den reellen Zahlen bilden. Die Codewörter des Hamming-Codes bilden einen linearen Unterraum von $(\mathbb{F}_2)^7$. Die in der Praxis verwendeten Codes sind meist linear, d. h. das Alphabet ist ein Körper $\mathbb{F}_q$ und die Codewörter bilden einen linearen Unterraum des Vektorraums $(\mathbb{F}_q)^n$ über $\mathbb{F}_q$.

Der Minimalabstand d des Hamming-Codes ist 3. Um dies einzusehen, beachte man, daß $d(W, W') = w(W-W')$ ist, wenn wir für ein Codewort W mit $w(W)$ das sogenannte Hamming-Gewicht von W bezeichnen, d. h. die Anzahl der von 0 verschiedenen Stellen von W. Da der Hamming-Code linear ist, ist demnach der Minimalabstand d auch gleich dem kleinsten $w(W)$, welches auftritt, wenn W alle von 0000000 verschiedenen Codewörter durchläuft. Ein Blick auf Abb. 1 zeigt, daß jedes von 0000000 verschiedene Codewort mindestens an drei Stellen eine 1 hat, d. h. es ist $d = 3$. Der Hamming-Code kann also einen Fehler korrigieren.

Die Informationsrate des Hamming-Codes ist $R = 4/7$. Würde man zur Übermittlung von 4-Bit-Wörtern an Stelle des Hamming-Codes einen Repetition-Code verwenden, so müßte man jedes 4-Bit-Wort dreimal wiederholen, um auf einen Minimalabstand von 3 zu kommen, d. h. um einen Fehler korrigieren zu können. Die Informationsrate dieses Repetition-Codes wäre 4/12. Die Informationsrate des Hamming-Codes ist demnach $12/7 = 1{,}71\ldots$-mal so groß wie die des Repetition-Codes, und dies bedeutet, daß der Hamming-Code in der gleichen Zeit etwa 71% mehr Information übermitteln kann als der Repetition-Code.

Genaugenommen gibt es eine ganze Serie von linearen Codes, die nach HAMMING benannt sind. Der hier beschriebene hat die genauere Bezeichnung „binärer (7,4)-Hamming-Code". Hamming-Codes werden benutzt, um die in Computerspeichern befindlichen Daten (vor natürlichen Phänomenen) zu schützen.

Reed-Solomon-Codes

Eine andere Serie von Codes, die wir oben schon erwähnt haben, sind die Reed-Solomon-Codes. Als Beispiel betrachten wir einen (255,223)-Reed-Solomon-Code über dem Körper $\mathbb{F}_{256}$. Die Informationen sind die 223-stelligen Wörter über dem Alphabet $\mathbb{F}_{256}$. Jede solche Information

$a_0 a_1 a_2 \ldots a_{222}$

wird in ein 255-stelliges Codewort

$b_0 b_1 b_2 \ldots b_{254}$

umgewandelt, wo die b_i ebenfalls Elemente des Körpers $\mathbb{F}_{256}$ sind. Diese Umwandlung geschieht durch die folgende Vorschrift

$b_0 + b_1 X + b_2 X^2 + \ldots + b_{254} X^{254}$

$= (a_0 + a_1 X + a_2 X^2 + \ldots + a_{222} X^{222}) \cdot (X-\alpha)(X-\alpha^2)(X-\alpha^3) \cdot \ldots \cdot (X-\alpha^{32})$.

Gerechnet wird hierbei natürlich im Körper $\mathbb{F}_{256}$. Das Symbol X ist eine Unbestimmte, d. h. die linke Seite der obigen Gleichung erhält man, indem man die rechte Seite ausmultipliziert und nach Potenzen von X sortiert. Das Symbol a ist hierbei ein fest gewähltes Element von $\mathbb{F}_{256}$ mit der Eigenschaft, daß $1, a, a^2, a^3, \ldots, a^{254}$ gerade die von 0 verschiedenen Elemente des Körpers $\mathbb{F}_{256}$ sind (z. B. kann man das oben beschriebene a nehmen).

Der eben beschriebene Code ist offenbar linear. Durch Anwendung von etwas Algebra ist es möglich zu zeigen, daß jedes Codewort mindestens 33 von 0 verschiedene Stellen hat. Wie oben beim Hamming-Code folgert man hieraus, daß dieser Reed-Solomon-Code den Minimalabstand d = 33 hat, und daß er daher 16 Fehler korrigiert.

Man beachte, daß man jedes Element von $\mathbb{F}_{256}$ wie oben beschrieben als 8-Bit-Wort auffassen kann. Der Reed-Solomon-Code korrigiert also 128 Bit, wenn die 128 falsch übermittelten Bit in 16 Blöcken zu je 8 Bit auftreten. Aufgrund dieser Eigenschaft sind Reed-Solomon-Codes dort besonders gut geeignet, wo von vorneherein damit zu rechnen ist, daß Übermittlungsfehler kein einzelnes Bit, sondern sogleich eine ganze Serie aufeinanderfolgender Bits betreffen (z. B. elektrische Interferenz, Staub auf CD-Platten). Schließlich beachte man dabei noch die ziemlich hohe Informationsrate R des beschriebenen Reed-Solomon-Codes:

$$R = \frac{8 \cdot 223}{8 \cdot 255} = 0{,}87 \ldots$$

Automorphismengruppe und Gitter zu einem Code

Zwei binäre Codes sind – zumindest theoretisch – gleichberechtigt, falls sie durch Vertauschung (Permutation) der Stellen in den Codewörtern auseinander hervorgehen (vgl. Abb. 3a). Als Automorphismengruppe eines Codes C bezeichnet man diejenigen Permutationen, die den Code als ganzen (nicht notwendig wortweise) invariant lassen. Besteht der Code C aus Wörtern der Länge n (also C Teilmenge von $(\mathbb{F}_2)^n$), so ist die Anzahl der im obigen Sinn zu C gleichberechtigten Codes (äquivalenten Codes) gleich der Anzahl aller möglichen Permutationen der Stellen eines Wortes der Länge n geteilt durch die Ordnung (Anzahl der Elemente) der Automorphismengruppe von C; als Formel: $\frac{n!}{|\mathrm{Aut}(C)|}$.

Betrachten wir den Hamming-Code (Abb. 1), so sehen wir, daß er genau sieben Codewörter vom Gewicht 3 (d. h. mit genau drei Einsen) enthält. Schreibt man diese sieben Codewörter untereinander, so erhält man die Inzidenzmatrix der projektiven Ebene über $\mathbb{F}_2$ (vgl. Abb. 4). Daher kann man die Automorphismengruppe des Hamming-Codes interpretieren als die Gruppe der Kollineationen

Codierungstheorie und Geometrie bzw. Zahlentheorie

C_1	C_1'
000	000
100	001
010	010
110	011

a)

$p_1(abc) = abc$
$p_2(abc) = bac$
$p_3(abc) = cba$
$p_4(abc) = acb$
$p_5(abc) = cab$
$p_6(abc) = bca$

b)

$p_3(p_4(abc)) = p_3(acb)$
$= bca = p_6(abc)$

$p_3 \cdot p_4 = p_6$

c)

Code	000 011 101 110	000 100 010 110	000 111 100 011
Ordnung der Automorphismengruppe	6	2	2
Anzahl der äquivalenten Codes	1	3	3

d)

Abb. 3: a) zeigt zwei äquivalente Codes, die durch Vertauschung der 1-ten mit der 3-ten Stelle der Codewörter auseinander hervorgehen. Es gibt genau 6 verschiedene Permutationen der Stellen eines Wortes der Länge 3 (Abb. b)). Das Produkt $p' \cdot p$ zweier Permutationen p' und p ist diejenige Permutation, die man durch Hintereinanderausführen von p und p' erhält (Abb. c)). Es gibt genau sieben binäre lineare 4-Wörter-Codes mit Wortlänge 3. Diese zerfallen in drei Klassen von je 1 bzw. 3 einander äquivalenten Codes (Abb. d)). Der „symmetrischste" ist offenbar der erste (an jedes 2-Bit-Wort wird eine Kontrollziffer 0 oder 1 so angefügt, daß die Anzahl der 1-en gerade wird).

dieser projektiven Ebene (d. h. als die Gruppe derjenigen Permutationen der 7 Punkte dieser projektiven Geometrie, die Geraden in Geraden überführen). Diese Gruppe – sie wird mit $GL_3(\mathbb{F}_2)$ bezeichnet – ist eine berühmte einfache Gruppe der Ordnung 168.

Ein weiteres interessantes Objekt, welches man einem linearen Code zuordnen kann, ist ein Gitter.

Betrachten wir dazu den erweiterten Hamming-Code C in $(\mathbb{F}_2)^8$, den man aus dem Hamming-Code der Abb. 1 dadurch erhält, daß man an jedes Codewort eine weitere Kontrollziffer 0 oder 1 so anfügt, daß die Gesamtzahl der 1-en im neuentstandenen Wort stets gerade ist: aus dem Codewort 1100100 des Hamming-Codes wird also das Codewort 11001001 des erweiterten Hamming-Codes etc. Dieser erweiterte Hamming-Code C hat zwei bemerkenswerte Eigenschaften: In jedem Codewort ist die Anzahl der 1-en durch 4 teilbar (man sagt: „der Code ist doppelt gerade"); ferner sind die Wörter $b_1 b_2 \ldots b_8$ in $(\mathbb{F}_2)^8$, die $b_1 a_1 + b_2 a_2 + \ldots b_8 a_8 \equiv 0 \mod 2$ für alle $a_1 a_2 \ldots a_8$ in C erfüllen, genau die Codewörter in C (man sagt: „der Code ist selbstdual").

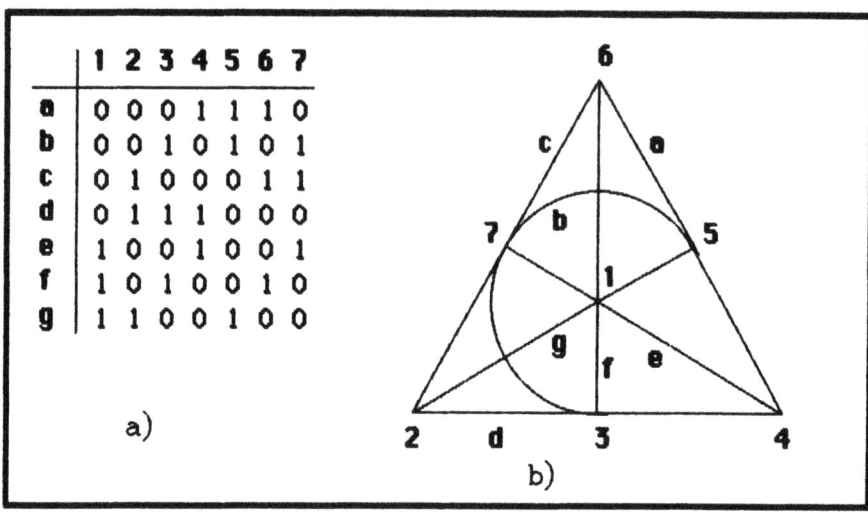

Abb. 4: b) zeigt die projektive Ebene über $\mathbb{F}_2$: sieben Punkte (1, 2, ..., 7), sieben Geraden (a, b, ..., g); jede Gerade enthält genau drei Punkte, jeder Punkt liegt auf genau drei Geraden. a) zeigt die Inzidenzmatrix dieser projektiven Geometrie: der Schnittpunkt der Zeile b und der Reihe 2 ist 0, weil die Gerade b den Punkt 2 nicht enthält; der Schnittpunkt von Zeile f mit Reihe 6 ist 1, weil die Gerade f den Punkt 6 enthält etc. Die Zeilen der Inzidenzmatrix sind genau die sieben Codewörter mit Gewicht 3 im Hamming-Code (vgl. Abb. 1).

Im 8-dimensionalen Raum $\mathbb{R}^8$ hat man das „Rechenkästchen-Gitter" $\frac{1}{\sqrt{2}} \mathbb{Z}^8$, d. h. alle Vektoren $\left(\frac{x_1}{\sqrt{2}}, \frac{x_2}{\sqrt{2}}, ..., \frac{x_8}{\sqrt{2}}\right)$, wo die $x_1, x_2, ..., x_8$ ganze Zahlen sind ($\sqrt{2}$ ist hier lediglich eine Normierung, um verschiedene Formeln einfacher schreiben zu können, und hat keine weitergehende Bedeutung). Dem erweiterten Hamming-Code C entspricht nun ein interessantes Teilgitter Γ von $\frac{1}{\sqrt{2}} \mathbb{Z}^8$: Das Gitter Γ besteht aus allen Vektoren $\left(\frac{x_1}{\sqrt{2}}, ..., \frac{x_8}{\sqrt{2}}\right)$ aus $\frac{1}{\sqrt{2}} \mathbb{Z}^8$, so daß die Reduktion modulo 2 von $(x_1, ..., x_8)$ in C liegt (letzteres bedeutet: ist ε_i der Rest von x_i bei Division durch 2, so soll $\varepsilon_1 \varepsilon_2 ... \varepsilon_8$ ein Codewort in C sein).

Die beiden oben erwähnten Eigenschaften des erweiterten Hamming-Codes übertragen sich auf das Gitter Γ: Die Zahl $x_1^2 + x_2^2 + ... + x_8^2$ – d. h. das Längenquadrat – eines Vektors $(x_1, ..., x_8)$ aus Γ ist stets eine gerade ganze Zahl (man sagt: „Das Gitter Γ ist gerade"). Ferner ist Γ unimodular, d. h. die Vektoren $(y_1, ..., y_8)$ aus $\mathbb{R}^8$, für die das Skalarprodukt $x_1 y_1 + x_2 y_2 + ... + x_8 y_8$ mit jedem $(x_1, ..., x_8)$ aus Γ ganzzahlig ist, sind genau die Vektoren in Γ. Das Gitter Γ ist das einzige 8-dimensionale Gitter mit diesen beiden Eigenschaften, und es wird üblicherweise mit E_8 bezeichnet.

Die Ausdrucksweise „einziges Gitter" ist hierbei natürlich in einem etwas abstrakteren Sinne zu verstehen: zwei Gitter, die durch eine Drehung des 8-dimensionalen euklidischen Raums auseinander hervorgehen, werden als gleich angesehen; der Mathematiker sagt: Sie sind „isomorph". So kann man das Gitter E_8 – genauer: ein zu obigem Γ isomorphes Gitter – auch folgendermaßen erhalten: Wir identifizieren den 8-dimensionalen euklidischen Raum mit den Vektoren $(x_1, x_2, \ldots, x_9)$ im Minkowski-Raum $\mathbb{R}^{8,1}$, die auf dem Vektor $(1, 1, 1, 1, 1, 1, 1, 1, -3)$ (mit Längenquadrat $1^2 + 1^2 + \ldots + 1^2 - (-3)^2 = -1$) senkrecht stehen, d. h. $x_1 + x_2 + x_3 + x_4 + x_5 + x_6 + x_7 + x_8 - 3x_9 = 0$ erfüllen. Das Längenquadrat eines Vektors $(x_1, x_2, \ldots, x_9)$ in diesem Modell des 8-dimensionalen euklidischen Raums ist dabei natürlich durch $x_1^2 + x_2^2 + x_3^2 + \ldots + x_8^2 - x_9^2$ gegeben. Ein weiteres Modell für E_8 erhält man nun in Form aller Vektoren $(x_1, x_2, \ldots, x_9)$, wo die x_i ganze Zahlen sind (und natürlich $x_1 + x_2 + \ldots + x_8 - 3x_9 = 0$ erfüllen).

Das Gitter E_8 hat 240 Vektoren minimaler Länge. Dies liest man am besten am Gitter Γ aus entsprechenden Eigenschaften des erweiterten Hamming-Codes ab. Die kürzeste Länge eines von $(0, \ldots, 0)$ verschiedenen Vektors in Γ ist $\sqrt{2}$: Jeder von $(0, \ldots, 0)$ verschiedene Vektor in Γ hat mindestens 4 von 0 verschiedene Koordinaten oder aber seine Koordinaten sind ganzzahlige Vielfache von $\sqrt{2}$, denn jedes von $0\ldots0$ verschiedene Codewort hat mindestens Gewicht 4. Die Anzahl der Vektoren der Länge $\sqrt{2}$ ist

$$\begin{bmatrix} 14 \text{ Wörter im erwei-} \\ \text{terten Hamming-} \\ \text{Code vom Gewicht 4} \end{bmatrix} \times (2^4 \text{ Vorzeichen}) +$$

$$+ (1 \text{ Wort } 0\ldots0) \times \begin{bmatrix} 8 \text{ Möglichkeiten,} \\ \text{eine 2 auf 8 Stellen} \\ \text{zu verteilen} \end{bmatrix} \times (2 \text{ Vorzeichen}) = 240 \,.$$

Um der Anschauung bei der Diskussion von Gittern etwas näher zu kommen, betrachten wir eine Serie sehr einfacher Codes: C_n sei der Code in $(\mathbb{F}_2)^n$, der aus allen Wörtern mit einer geraden Anzahl von 1-en besteht. Zum Beispiel

$$C_1 : 0 \qquad C_2 : \begin{matrix} 0\ 0 \\ 1\ 1 \end{matrix} \qquad C_3 : \begin{matrix} 0\ 0\ 0 \\ 0\ 1\ 1 \\ 1\ 0\ 1 \\ 1\ 1\ 0 \end{matrix} \,.$$

Dies sind offenbar lineare Codes. Die zugehörigen Gitter bezeichnen wir mit D_n. Es ist also D_n die Gesamtheit aller Vektoren $\left(\dfrac{x_1}{\sqrt{2}}, \ldots, \dfrac{x_n}{\sqrt{2}}\right)$ in $\dfrac{1}{\sqrt{2}} \mathbb{Z}^n$, so daß $x_1 + x_2 + \ldots + x_n$ gerade ist (vgl. Abb. 5).

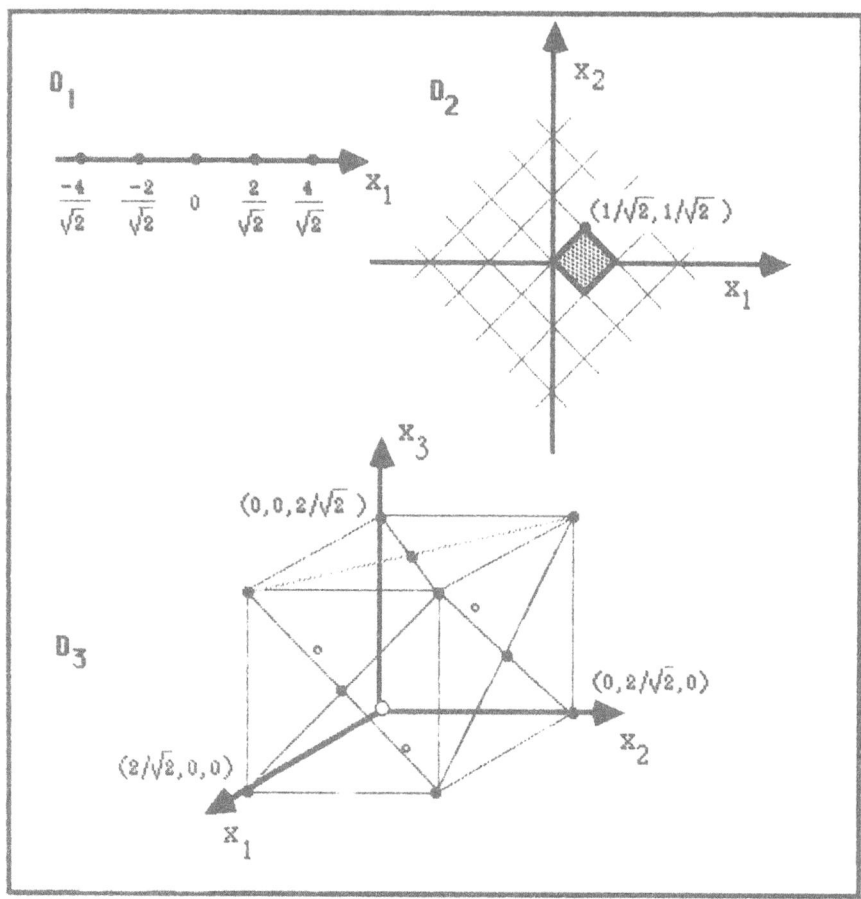

Abb. 5: Die Gitter D_1, D_2 und D_3. Ein Bereich wie der schraffierte im Bild von D_2 heißt Fundamentalmasche. Füllt man den 3-dimensionalen Raum mit Würfeln der Kantenlänge $\sqrt{2}$ aus, beginnend mit dem im Bild dargestellten, so bilden die Eckpunkte und Oberflächenmittelpunkte dieser Würfel gerade das Gitter D_3. Dieses Gitter heißt deshalb auch das „flächenzentrierte kubische Gitter". Die Eckpunkte eines Würfels entsprechen dem Codewort 000, die Flächenmittelpunkte den drei übrigen Codewörtern von C_3.

Das Gitter D_3 besitzt genau 12 Vektoren minimaler Länge 1:
(3 Wörter in C_3 vom Gewicht 2) × (2^2 Vorzeichen) = 12.

Denken wir uns um jeden Gitterpunkt in D_3 eine Kugel vom Radius ½ gelegt, so erhalten wir eine Kugelpackung des 3-dimensionalen euklidischen Raums; dabei wird jede Kugel von genau 12 anderen berührt (vgl. Abb. 6).

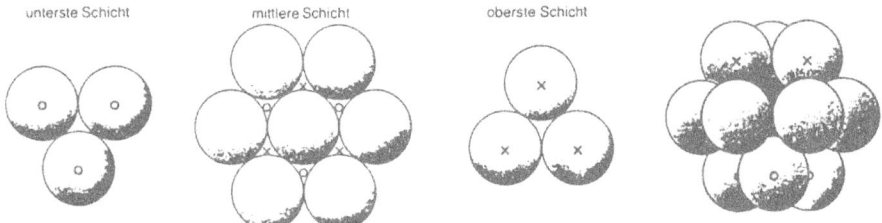

Abb. 6: Bei der zu D_3 gehörenden Kugelpackung wird jede Kugel von genau zwölf anderen berührt.

Kußzahl und Dichte

Bemerkenswert ist hier, daß 12 überhaupt die maximale Anzahl von Kugeln gleicher Größe ist, die eine weitere Kugel gleicher Größe berühren können. Dieses „Kontaktzahl-" oder „Kußzahl-Problem" ist sehr alt und führte zu einem Disput zwischen Isaac Newton („12 ist die maximale Zahl") und dem Astronomen David Gregory (er bezweifelte es) im Jahre 1694. Daß Newton recht hatte, wurde von R. Hoppe (1874), G. Bender (1874) und S. Günther (1875) bewiesen.

Es ist ein ungelöstes Problem, die maximale Kontaktzahl τ_n in n Dimensionen zu bestimmen, d. h. die maximale Anzahl τ_n von Kugeln gleicher Größe im n-dimensionalen Raum $\mathbb{R}^n$, die an eine weitere Kugel gleicher Größe angelegt werden können. (Die „Kugel" in $\mathbb{R}^n$ im Mittelpunkt $(a_1, a_2, \ldots, a_n)$ und Radius r ist die Gesamtheit aller $(x_1, \ldots, x_n)$, so daß $(x_1 - a_1)^2 + (x_2 - a_2)^2 + \ldots + (x_n - a_n)^2 \leq r^2$ gilt.)

Es ist offensichtlich $\tau_1 = 2$:

„Kugel"

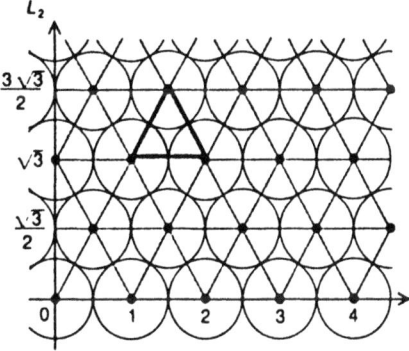

Abb. 7: Das Gitter A_2, auch das „hexagonale Gitter" genannt.

Etwas weniger offensichtlich, aber durch etwas Nachdenken leicht einzusehen, ist $\tau_2 = 6$. Diese Kußzahl wird wieder realisiert bei einer Kugelpackung, die von einem Gitter herrührt, dem Gitter A_2 (vgl. Abb. 7). Wie eben erwähnt, weiß man $\tau_3 = 12$. Außerdem weiß man noch $\tau_8 = 240$ und $\tau_{24} = 196\,560$ (A. M. Odlyzko, N. J. A. Sloane 1979 und V. I. Levenshtein 1979). Auch diese beiden Kußzahlen können durch Gitter realisiert werden: Im Fall der Dimension n = 8 durch das oben beschriebene, aus dem erweiterten Hamming-Code gewonnene Gitter E_8: wie wir gesehen haben, gibt es 240 Vektoren minimaler Länge $\sqrt{2}$ im Gitter E_8; legt man um jeden Gitterpunkt eine Kugel vom Radius $\frac{\sqrt{2}}{2}$, so erhält man eine Kugelpackung, wo jede Kugel von genau 240 anderen berührt wird. Im Fall der Dimension n = 24 wird die maximale Kußzahl beim Leech-Gitter erreicht, auf das wir später noch eingehen werden. Für n ≠ 1, 2, 3, 8, 24 ist τ_n bis heute noch unbekannt.

Verwandt mit dem Kontaktzahlproblem ist das Problem der dichtesten Kugelpackung: Der n-dimensionale Raum $\mathbb{R}^n$ ist möglichst dicht mit Kugeln gleicher Größe aufzufüllen. Eine vernünftige Restriktion ist, zunächst nur Gitterpackungen zu betrachten: Als Kugelmittelpunkte wählen wir die Punkte eines Gitters, als Radius der Kugeln die Zahl $R = \frac{1}{2} \times$ (Länge des kleinsten von $(0, \ldots, 0)$ verschiedenen Gittervektors). Die Dichte einer Gitterpackung erfaßt man quantitativ durch den Anteil der Fundamentalmasche eines Gitters, der von Kugelteilen überdeckt wird (vgl. Abb. 8).

Abb. 8: Die Dichte δ einer Gitterpackung kann durch folgende Formel berechnet werden:
$$\delta = \frac{\text{Volumen einer Kugel vom Radius R}}{\text{Volumen einer Fundamentalmasche}}$$

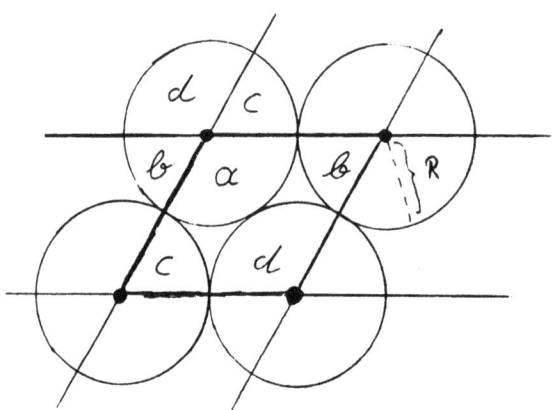

n	Name des Gitters	Dichte der Gitterpackung	Anzahl der Vektoren kürzester Länge
1	D_1	$2 \cdot \frac{1}{2} = 1.0000$	2
2	A_2	$\pi \cdot \frac{1}{2\sqrt{3}} = 0.9068$	6
3	D_3	$\frac{4\pi}{3} \cdot \frac{1}{4\sqrt{2}} = 0.7404$	12
4	D_4	$\frac{\pi^2}{2} \cdot \frac{1}{8} = 0.6168$	24
5	D_5	$\frac{8\pi^2}{15} \cdot \frac{1}{8\sqrt{2}} = 0.4652$	40
6	E_6	$\frac{\pi^3}{6} \cdot \frac{1}{8\sqrt{3}} = 0.3729$	72
7	E_7	$\frac{16\pi^3}{105} \cdot \frac{1}{16} = 0.2952$	126
8	E_8	$\frac{\pi^4}{24} \cdot \frac{1}{16} = 0.2536$	240

Abb. 9: In den Dimensionen n = 1 bis n = 8 sind die dichtesten Gitterpackungen bekannt.

Im Fall der Dimension n = 1 führt offenbar jedes Gitter zu einer optimalen Gitterpackung mit Dichte 1. Das Gitter D_2 hat die Dichte $\pi \left(\frac{1}{2}\right)^2 = 0{,}78\ldots$ (vgl. Abb. 5). Eine dichtere Packung hat man beim Gitter A_2 (vgl. Abb. 7); die Dichte ist hier $\dfrac{\pi \left(\frac{1}{2}\right)^2}{\sqrt{3/2}} = 0{,}90\ldots$ Es ist nicht sehr schwer einzusehen, daß dies die dichteste Gitterpackung in zwei Dimensionen ist. In Dimension 3 ist D_3 die dichteste Gitterpackung (C. F. GAUSS 1831); in Dimension 4, 5 sind es D_4, D_5 (A. KORKINE, G. ZOLOTAREFF 1872 und 1877); in Dimension 6, 7, 8 sind es E_6, E_7, E_8 (H. F. BLICHFELDT 1934). Die Gitter E_6, E_7 sind gewisse „Schnitte" im Gitter E_8. In den höheren Dimensionen ist das Problem, die dichteste Gitterpackung zu bestimmen, bis heute noch ungelöst.

Codes, Thetareihen und Modulformen

Gitter stehen in engem Zusammenhang mit Fragen der Zahlentheorie. Denken wir uns ein Gitter Γ im n-dimensionalen Raum gegeben, von dem wir annehmen, daß die Längenquadrate der Gittervektoren ganzzahlige Vielfache einer reellen Zahl R sind, wie es bei allen bisher betrachteten Gittern der Fall ist. Als Länge

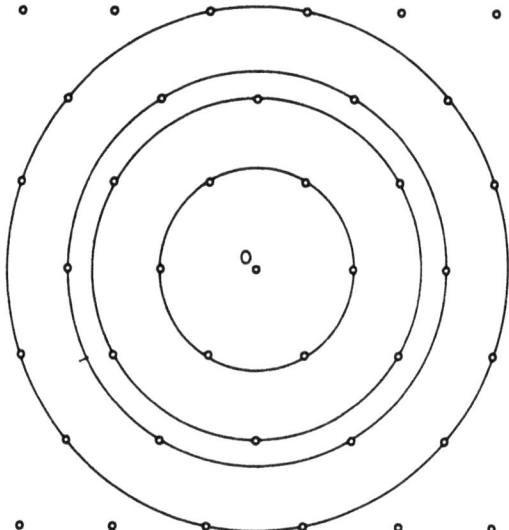

Abb. 10: Beim Gitter A_2 enthalten die ersten fünf Kugeln (Kreise), auf denen Gitterpunkte zu finden sind, jeweils 1, 6, 6, 6 bzw. 12 Punkte.

eines Gittervektors kommen also die Zahlen $0, \sqrt{R}, \sqrt{2R}, \sqrt{3R}, \ldots$ in Frage; etwas anschaulicher ausgedrückt: Die Gittervektoren sind auf den Kugeln vom Radius $0, \sqrt{R}, \sqrt{2R}, \sqrt{3R}, \ldots$ zu finden.

Wie viele Gitterpunkte liegen auf der Kugel vom Radius $\sqrt{R \cdot m}$ für eine beliebig vorgegebene natürliche Zahl m?

Seiner Natur nach ist dies ein Problem der Zahlentheorie, genauer: ein diophantisches Problem. Wollte man dies Problem etwa für die Gitter D_2 oder A_2 formelmäßig formulieren, so würde man zu der folgenden Frage geführt: Wie viele Paare (x, y) ganzer Zahlen gibt es, so daß $x^2 + y^2 = m$ (für D_2) bzw. $x^2 + xy + y^2 = m$ (für A_2) gilt?

Es bezeichne N_m die Anzahl der Gitterpunkte von Γ, die auf der Kugel von Radius $\sqrt{m \cdot R}$ liegen. Der methodisch erfolgreichste Weg in der Mathematik, um Aussagen über die Zahlen N_m zu erhalten, ist, alle diese Zahlen zu einem einzigen Objekt zusammenzufassen, der „Thetareihe zum Gitter Γ":

$$\theta_\Gamma = 1 + N_1 q + N_2 q^2 + \ldots = \sum_{m=0}^{\infty} N_m q^m.$$

Man kann sich hier zunächst q als eine Unbestimmte und θ_Γ als ein unendliches Polynom vorstellen.

Bedeutungsvoll wird diese Schreibweise, wenn man $q = e^{2\pi i z}$ setzt. Dann wird $\theta_\Gamma = \theta_\Gamma(z)$ eine Funktion in der Variablen z, wobei für z jede komplexe Zahl mit positivem Imaginärteil eingesetzt werden darf.

Die Thetafunktion gehört nun einer sehr distinguierten Klasse von Funktionen an, den sogenannten „Modulformen". Im einfachsten Fall ist eine Modulform eine Funktion der Gestalt $f(z) = a_0 + a_1 q + a_2 q^2 + \ldots$, die unendlich vielen Funktionalgleichungen genügt: $f\left(\dfrac{az+b}{cz+d}\right) = (cz + d)^k f(z)$, wobei die a, b, c, d beliebige ganze Zahlen mit $ad - bc = 1$ sein dürfen, und wobei k eine fest vorgegebene natürliche Zahl ist; genauer heißen die eben beschriebenen Funktionen „Modulformen auf der vollen Modulgruppe mit Gewicht k". Allgemeinere Modulformen erhält man, indem man die Zahlen a, b, c, d noch gewissen weiteren Restriktionen unterwirft und für k beliebige Zahlen zuläßt. Identifiziert man je zwei komplexe Zahlen (mit positivem Imaginärteil), falls sie durch eine Substitution $z \to \dfrac{az+b}{cz+d}$ (a, b, c, d ganze Zahlen, $ad - bc = 1$ und eventuell weitere Restriktionen) auseinander hervorgehen, so erhält man ein geometrisches Objekt, eine „Modulkurve". Im einfachsten Fall ist dieses geometrische Objekt die komplexe projektive Gerade oder Riemannsche Zahlenkugel, aus der man einen Punkt herausgenommen hat. Das Studium der Modulkurven führt zu Aussagen über Modulformen. (Wieder) im einfachsten Fall erhält man zum Beispiel die Aussage, daß jede Modulform auf der vollen Modulgruppe mit Gewicht k für durch 4 teilbares k von der Gestalt $c_0 E_4^{k/4} + c_1 E_4^{k/4-3} \Delta + c_2 E_4^{k/4-6} \Delta^2 + \ldots = \sum c_i E_4^{k/4-3i} \Delta^i$ sein muß. Hierbei sind die $c_0, c_1, c_2, \ldots$ beliebige komplexe Zahlen; die Summe ist über die endlich vielen natürlichen Zahlen zu erstrecken, für die $k/4 - 3i$ nicht-negativ ist. Die Symbole E_4, Δ bezeichnen zwei sehr grundlegende Modulformen:

$$E_4 = 1 + 240(q + 9q^2 + 28q^3 + \ldots) = 1 + 240 \sum_{m=1}^{\infty} \sigma_3(m) q^m$$

($\sigma_3(m)$ = Summe der dritten Potenzen der Teiler von m) und

$$\Delta = q(1-q)^{24}(1-q^2)^{24} \cdot \ldots = q \prod_{m=1}^{\infty} (1-q^m)^{24}$$

$$= q - 24q^2 + 252q^3 - 1472q^4 \pm \ldots$$

Um nun zu den Thetareihen zurückzukehren, nehmen wir an, daß Γ gerade und unimodular ist (vgl. den vorletzten Abschnitt). Dann ist $\theta_\Gamma(z)$ eine Modulform auf der vollen Modulgruppe mit Gewicht $\dfrac{n}{2}$ (man weiß, daß unimodulare, gerade Gitter nur für durch 8 teilbare Dimensionen n existieren). Ist etwa $\Gamma = E_8$, so muß also nach dem eben über Modulformen gesagten die Thetafunktion θ_Γ mit E_4 identisch sein. Also gilt für das Gitter $\Gamma = E_8$ die Formel $N_m = 240 \sigma_3(m)$. Analoge Argumentationen kann man auch für beliebige Gitter durchführen, um die Zahlen N_m zu bestimmen (vgl. Abb. 11).

The Hexagonal Lattice A_2 in R^2

m	$\frac{1}{6}N_m$	m	$\frac{1}{6}N_m$	m	$\frac{1}{6}N_m$
0	1/6	64	1	147	3
1	1	67	2	148	2
3	1	73	2	151	2
4	1	75	1	156	2
7	2	76	2	157	2
9	1	79	2	163	2
12	1	81	1	169	3
13	2	84	2	171	2
16	1	91	4	172	2
19	2	93	2	175	2
21	2	97	2	181	2
25	1	100	1	183	2
27	1	103	2	189	2
28	2	108	1	192	1
31	2	109	2	193	2
36	1	111	2	196	3
37	2	112	2	199	2
39	2	117	2	201	2
43	2	121	1	208	2
48	1	124	2	211	2
49	3	127	2	217	4
52	2	129	2	219	2
57	2	133	4	223	2
61	2	139	2	225	1
63	2	144	1	228	2

The Face-Centered Cubic Lattice D_3 in R^3 (The Table Gives $\frac{1}{6}N_m$ for $m = 10r + s$)

r/s	0	1	2	3	4	5	6	7	8	9
0	1/6	2	1	4	2	4	4/3	8	1	6
1	4	4	12	0	8	2	8	5	12	
2	4	8	4	8	4/3	14	4	16	8	4
3	0	16	1	16	8	8	6	20	4	8
4	4	8	8	20	4	20	0	16	4	18
5	8	12	12	12	16/3	24	0	16	12	12
6	8	20	0	24	2	8	8	28	8	16
7	8	8	5	32	4	20	12	16	0	16
8	4	18	16	20	8	24	4	24	4	16
9	12	24	8	24	0	8	4/3	40	9	20

The Lattice D_4 in R^4

m	$(24)^{-1}N_m$	m	$(24)^{-1}N_m$
1	1	26	14
2	1	27	40
3	4	28	8
4	1	29	30
5	6	30	24
6	4	31	32
7	8	32	1
8	1	33	48
9	13	34	18
10	6	35	48
11	12	36	13
12	4	37	38
13	14	38	20
14	8	39	56
15	24	40	6
16	1	41	42
17	18	42	32
18	13	43	44
19	20	44	12
20	6	45	78
21	32	46	24
22	12	47	48
23	24	48	4
24	4	49	57
25	31	50	31

The lattice D_5 in R^5

m	N_m	m	N_m
1	40	26	3760
2	90	27	6720
3	240	28	4000
4	200	29	7920
5	560	30	4800
6	400	31	6720
7	800	32	5850
8	730	33	8960
9	1240	34	4320
10	752	35	10720
11	1840	36	6200
12	1200	37	9840
13	2000	38	7600
14	1600	39	11040
15	2720	40	5872
16	1480	41	12960
17	3680	42	7520
18	2250	43	12400
19	3280	44	9200
20	2800	45	14000
21	4320	46	8000
22	2800	47	16960
23	5920	48	8880
24	2960	49	13480
25	5240	50	10890

The Lattices E_6, E_7, and E_8 in R^6, R^7, and R^8

m	$N_m(E_6)$	$N_m(E_7)$	$(240)^{-1} \cdot N_m(E_8)$
1	72	126	1
2	270	756	9
3	720	2072	28
4	936	4158	73
5	2160	7560	126
6	2214	11592	252
7	3600	16704	344
8	4590	24948	585
9	6552	31878	757
10	5184	39816	1134
11	10800	55944	1332
12	9360	66584	2044
13	12240	76104	2198
14	13500	99792	3096
15	17712	116928	3528
16	14760	133182	4681
17	25920	160272	4914
18	19710	177660	6813
19	26064	205128	6860
20	28080	249480	9198
21	36000	265104	9632
22	25920	281736	11988
23	47520	350784	12168
24	37638	382536	16380
25	43272	390726	15751

Abb. 11: Die ersten Zahlen N_m für die optimalen Gitter A_2, D_3, D_4, D_5, E_6, E_7 und E_8. Die Teilbarkeitseigenschaften der Zahlen N_m kommen dadurch zustande, daß die Gitter jeweils bei bestimmten Drehungen des jeweiligen euklidischen Raums in sich überführt werden. So ist zum Beispiel A_2 invariant unter den 6 Drehungen um 60°, 120°, 180°, 240°, 300°, 360° (vgl. Abb. 7). Demnach muß die Anzahl der Gitterpunkte auf jeder Kugel durch 6 teilbar sein.

Um schließlich wieder zu den Codes zurückzukommen, erinnern wir uns, daß jedem (binären linearen) Code ein Gitter und – wie wir eben sahen – einem Gitter eine Thetafunktion, d. h. eine Modulform, entspricht. Noch unmittelbarer wird dieser Zusammenhang, führt man das sogenannte Gewichtszählerpolynom eines Codes ein.

Sei dazu C ein linearer Code in $(\mathbb{F}_2)^n$. Mit A_i bezeichnen wir die Anzahl der Codewörter mit genau i Einsen. Die Zahlen $A_0, A_1, \ldots, A_n$ fassen wir zum Gewichtszählerpolynom in zwei Unbestimmten X, Y zusammen:

$$W_C(X, Y) = A_0 X^n + A_1 X^{n-1} Y + \ldots + A_{n-1} X Y^{n-1} + A_n Y^n = \sum_{i=0}^{n} A_i X^{n-i} Y^i .$$

Für den erweiterten Hamming-Code – wir bezeichnen ihn mit $\tilde{H}$ – ist zum Beispiel (vgl. auch Abb. 1):

$$W_{\tilde{H}}(X, Y) = X^8 + 14 X^4 Y^4 + Y^8 .$$

Unten werden wir einen weiteren doppelt-geraden, selbstdualen Code kennen lernen, den erweiterten Golay-Code $\tilde{G}$; sein Gewichtszählerpolynom ist

$$W_{\tilde{G}}(X, Y) = X^{24} + 759 X^{16} Y^8 + 2576 X^{12} Y^{12} + 759 X^8 Y^{16} + Y^{24} .$$

Dem Code C entspricht ein Gitter Γ, diesem die Thetareihe θ_Γ, und dieser Zusammenhang drückt sich in der folgenden Formel aus:

$$W_C(\theta_0, \theta_1) = \theta_\Gamma .$$

Hierbei sind θ_0 und θ_1 zwei universelle Thetareihen:

$$\theta_0 = 1 + 2(q + q^4 + q^9 + \ldots) = 1 + 2 \sum_{m=1}^{\infty} q^{m^2} \quad \text{und}$$

$$\theta_1 = 2(q^{1/4} + q^{9/4} + q^{25/4} + \ldots) = 2 \sum_{m=0}^{\infty} q^{(2m+1)^2/4} .$$

Vermöge dieser Formel kann man Aussagen über Modulformen in Aussagen über Codes übersetzen. Ist zum Beispiel C doppelt-gerade, selbstdual, so ist Γ gerade und unimodular, und dann ist θ_Γ eine Modulform auf der vollen Modulgruppe vom Gewicht n/2 (und n/2 ist durch 4 teilbar). Die oben gegebene Beschreibung dieser Modulformen übersetzt sich dann in die Aussage, daß sich das Gewichtszählerpolynom eines doppelt-geraden, selbstdualen Codes stets in der folgenden Gestalt schreiben läßt:

$$W_C(X, Y) = C_0 W_{\tilde{H}}^{n/8} + C_1 W_{\tilde{H}}^{n/8-3} W_{\tilde{G}} + C_2 W_{\tilde{H}}^{n/8-6} W_{\tilde{G}}^2 + \ldots = \sum C_i W_{\tilde{H}}^{n/8-3i} W_{\tilde{G}}^i$$

mit geeigneten Zahlen $C_0, C_1, C_2, \ldots$, und die Summe ist über alle i zu erstrecken, so daß $n/8 - 3i$ nicht-negativ ist.

Solche Aussagen sind für den Codierungstheoretiker natürlich interessant. Zum Beispiel kann man mittels der eben formulierten Aussage einsehen, daß der Minimalabstand eines doppelt-geraden selbstdualen Codes der Länge n höchstens $4\left[\dfrac{n}{24}\right]+4$ sein kann ($\left[\dfrac{n}{24}\right]$ = größte natürliche Zahl, die nicht größer als $\dfrac{n}{24}$ ist), und daß es überdies nur endlich viele doppelt-gerade, selbstduale Codes gibt, die diese oberen Schranken jeweils annehmen; diese heißen „extremale doppelt-gerade, selbstduale Codes". Die ersten dieser extremalen Codes erhält man für die Wortlängen n = 8 (erweiterter Hamming-Code, Minimalabstand 4), n = 16 (je zwei Codewörter des erweiterten Hamming-Codes nebeneinander geschrieben, Minimalabstand 4), n = 24 (erweiterter Golay-Code (vgl. unten), Minimalabstand 8).

Die hier skizzierte Theorie läßt sich auch für lineare Codes über beliebigen endlichen Körpern ansetzen. Bei ternären Codes (Codes über $\mathbb{F}_3$) bleibt man dabei noch im Bereich der oben beschriebenen Modulformen. Für beliebige Primzahlen gelangt man in natürlicher Weise von Codes über $\mathbb{F}_p$ zu Gittern über bestimmten algebraischen Zahlkörpern, und von diesen zu Thetareihen in mehreren Variablen, die sogenannte Hilbertsche Modulformen sind. Das Studium Hilbertscher Modulformen ist auf das Engste verknüpft mit dem Studium Hilbertscher Modulvarietäten. Die Hilbertschen Modulflächen sind in den letzten eineinhalb Jahrzehnten sehr intensiv studiert worden. Im Fall p = 5 gelangt man zu einer bestimmten Hilbertschen Modulfläche, die in „F. HIRZEBRUCH: The ring of Hilbert modular forms for real quadratic fields of small discriminant, in Modular Functions of One Variable VI, Springer, Berlin 1977" studiert wurde. Aus den dort erzielten Ergebnissen kann man die von GLEASON, PIERCE und SLOANE erzielte Beschreibung der Gewichtszählerpolynome selbstdualer Codes über $\mathbb{F}_5$ ableiten (G. VAN DER GEER, F. HIRZEBRUCH: siehe Kommentar in: F. HIRZEBRUCH, Gesammelte Abhandlungen, Bd. II, S. 796–798, Springer-Verlag 1987).

Golay-Code und einfache Gruppen

Bei dem erweiterten Golay-Code handelt es sich um einen linearen, 12-dimensionalen Code in $(\mathbb{F}_2)^{24}$. Demnach kann man sich bei der Beschreibung des Golay-Codes darauf beschränken, 12 Basisvektoren anzugeben: Jede Summe beliebig vieler dieser 12 Basisvektoren ergibt ein Codewort, und jedes Codewort wird so erhalten. In Abb. 12 sind zwölf Basisvektoren aufgelistet.

$\tilde{G}$ ist ein doppelt-gerader, selbstdualer extremaler Code mit Minimalabstand d = 8; insbesondere kann er 3 Fehler korrigieren. Streicht man irgendeine Spalte in Abb. 12 (zum Beispiel die erste), so erhält man 12 Basisvektoren für den eigentlichen (binären) Golay-Code; bei diesem handelt es sich also um einen 12-dimensionalen Code in $(\mathbb{F}_2)^{23}$ mit Minimalabstand d = 7. Dieser äußerst effektive Code

Codierungstheorie und Geometrie bzw. Zahlentheorie

```
1 1 0 0 0 0 0 0 0 0 0 0 1 1 0 1 1 1 0 0 0 1 0
1 0 1 0 0 0 0 0 0 0 0 0 0 1 1 0 1 1 1 0 0 0 1
1 0 0 1 0 0 0 0 0 0 0 0 1 0 1 1 0 1 1 1 0 0 0
1 0 0 0 1 0 0 0 0 0 0 0 0 1 0 1 1 0 1 1 1 0 0
1 0 0 0 0 1 0 0 0 0 0 0 0 0 1 0 1 1 0 1 1 1 0
1 0 0 0 0 0 1 0 0 0 0 0 0 0 0 1 0 1 1 0 1 1 1
1 0 0 0 0 0 0 1 0 0 0 0 1 0 0 0 1 0 1 1 0 1 1
1 0 0 0 0 0 0 0 1 0 0 0 1 1 0 0 0 1 0 1 1 0 1
1 0 0 0 0 0 0 0 0 1 0 0 0 1 1 1 0 0 0 1 0 1 1 0
1 0 0 0 0 0 0 0 0 0 1 0 0 0 1 1 1 0 0 0 1 0 1 1
1 0 0 0 0 0 0 0 0 0 0 1 0 1 0 1 1 1 0 0 0 1 0 1
0 0 0 0 0 0 0 0 0 0 0 0 1 1 1 1 1 1 1 1 1 1 1 1
```

Abb. 12: Zwölf Basisvektoren für den erweiterten Golay-Code untereinander geschrieben.

wurde von M. J. E. Golay 1949 bei der Suche nach sogenannten „perfekten Codes" entwickelt.

Der erweiterte Golay-Code enthält genau 759 Wörter mit Hamming-Gewicht 8, d. h. mit genau 8 Einsen. Wir nennen diese Wörter Oktaden. Damit folgt für $\tilde{G}$ eine bemerkenswerte Eigenschaft: Zu je fünf beliebig ausgewählten Stellen gibt es genau eine Oktade, welche an diesen Stellen eine 1 hat. Einerseits kann es nämlich keine zwei verschiedenen Oktaden W und W' geben, die an den gleichen 5 Stellen Einsen haben, denn sonst hätte das von 0 verschiedene Codewort W + W' weniger als 7 Einsen, wogegen ja $\tilde{G}$ Minimalabstand d = 8 hat. Andererseits muß es aber zu je 5 Stellen mindestens eine Oktade geben, die an diesen Stellen Einsen hat, denn

$$\begin{bmatrix} \text{Anzahl der} \\ \text{Oktaden} \end{bmatrix} \times \begin{bmatrix} \text{Anzahl der Möglich-} \\ \text{keiten 5 Einsen von} \\ \text{8 auszuwählen} \end{bmatrix} = 759 \times \frac{8 \cdot 7 \cdot 6 \cdot 5 \cdot 4}{5 \cdot 4 \cdot 3 \cdot 2} =$$

$$= \frac{24 \cdot 23 \cdot 22 \cdot 21 \cdot 20}{5 \cdot 4 \cdot 3 \cdot 2} = \begin{bmatrix} \text{Anzahl der Möglich-} \\ \text{keiten 5 Stellen aus} \\ \text{24 auszuwählen} \end{bmatrix}$$

Diese bemerkenswerte Eigenschaft des Codes $\tilde{G}$ ist die Lösung eines 1937 von E. WITT untersuchten Problems: „Aus 24 Personen sollen 759 Vereine gebildet werden. Jeder Verein soll aus 8 Mitgliedern bestehen. Fünf beliebige Personen sollen jeweils einem einzigen Verein angehören." Etwas weniger anschaulich ausgedrückt, sollen aus einer 24-elementigen Menge 8-elementige Teilmengen derart ausgewählt werden, daß jede 5-elementige Teilmenge in genau einer dieser 8-elementigen enthalten ist. Eine solche Kollektion von 8-elementigen Teilmengen nennt man „Steinersystem S(5, 8, 24)". WITT zeigte – worauf es ihm eigentlich ankam –, daß die Automorphismengruppe dieses Steinersystems die Mathieu-

Gruppe M_{24} ist (als Automorphismus bezeichnet man hier jede Vertauschung der 24 Elemente, die jede Menge des Steinersystems wieder in eine solche überführt).

Diese Gruppe M_{24} ist eine sogenannte sporadische einfache Gruppe, d. h. eine einfache endliche Gruppe, die sich in keine der bekannten Serien von einfachen endlichen Gruppen einordnen läßt. Was eine einfache Gruppe ist (nämlich „Eine Gruppe ohne nicht-triviale Normalteiler"), wollen wir hier nicht weiter erklären. Ein gewisses Bild erhält man, wenn man sich die einfachen endlichen Gruppen als Grundbausteine für die Gesamtheit aller endlichen Gruppen vorstellt. Daher ist es eine wichtige Aufgabe, sämtliche einfachen Gruppen zu klassifizieren. Zur Zeit dieser Arbeiten von Witt waren neben gewissen Serien einfacher Gruppen nur fünf weitere bekannt: die Mathieu-Gruppen $M_{11}, M_{12}, M_{22}, M_{23}, M_{24}$. Die Gruppe M_{24} ist die größte unter ihnen: sie hat 244 823 040 Elemente.

Der erweiterte Golay-Code wird von seinen Oktaden erzeugt (jedes Codewort ist Summe von Oktaden), wie ein Blick auf Abb. 12 zeigt (man ersetzt das letzte Codewort in Abb. 12 durch die Summe des letzten und vorletzten und erhält eine Basis von $\tilde{G}$, die nur aus Oktaden besteht). Die Oktaden bilden ein Steinersystem $S(5, 8, 24)$. Die Automorphismengruppe dieses Systems ist M_{24}. Also ist auch die Automorphismengruppe von $\tilde{G}$ die Gruppe M_{24}. Erwähnenswert ist in diesem Zusammenhang noch, daß der oben erwähnte eigentliche binäre Golay-Code in $(\mathbb{F}_2)^{23}$ als Automorphismengruppe die Gruppe M_{23} hat. Neben diesen beiden binären Golay-Codes gibt es noch zwei weitere nach GOLAY benannte Codes. Diese sind ternäre Codes, genauer 6-dimensionale Unterräume in $(\mathbb{F}_3)^{11}$ bzw. $(\mathbb{F}_3)^{12}$. Ihre Automorphismengruppen sind M_{11} und M_{12} respektive.

Das zum erweiterten Golay-Code gehörende Gitter Γ hat eine Automorphismengruppe der Ordnung $2^{24} \times |M_{24}|$ (als Automorphismus eines Gitters bezeichnet man jede Drehung des zugrunde liegenden euklidischen Raums, die das Gitter in sich überführt). Mittels dieses Gitters konstruierte J. LEECH 1964 ein sehr wichtiges Gitter, das nach ihm benannte Leech-Gitter: seine Gitterpunkte sind die Punkte von Γ' und die Punkte $\left(\frac{-3}{2^{3/2}}, \frac{1}{2^{3/2}}, \frac{1}{2^{3/2}}, \ldots, \frac{1}{2^{3/2}}\right) + \Gamma'$ (die um den Vektor $\left(\frac{-3}{2^{3/2}}, \frac{1}{2^{3/2}}, \frac{1}{2^{3/2}}, \ldots, \frac{1}{2^{3/2}}\right)$ verschobenen Punkte von Γ'); dabei ist Γ' das Teilgitter aller Gitterpunkte $\left(\frac{x_1}{\sqrt{2}}, \ldots, \frac{x_{24}}{\sqrt{2}}\right)$ aus Γ, für die $x_1 + x_2 + \ldots + x_{24}$ durch 4 teilbar ist. Etwas bequemer und ähnlich der oben gegebenen Beschreibung des Gitters E_8 kann man das Leech-Gitter (genauer: ein zum eben konstruierten Gitter äquivalentes Gitter) auch beschreiben als die Gesamtheit aller $(x_1, \ldots, x_{25})$ im Minkowski-Raum $\mathbb{R}^{24, 1}$, wo die x_i ganze Zahlen sind und $3x_1 + 5x_2 + 7x_3 + \ldots + 45x_{22} + 47x_{23} + 51x_{24} - 145x_{25} = 0$ gilt (R. T. CURTIS, siehe

J. H. Conway, N. J. A. Sloane: Lorentzian forms for the Leech Lattice, Bull. Am. Math. Soc. 6 (1982), 215–217).

Das Leech-Gitter ist wie das zum Golay-Code gehörende Gitter Γ gerade und unimodular. Es enthält aber keine Vektoren der Länge $\sqrt{2}$. Es gibt genau 24 gerade, unimodulare Gitter (H. Niemeier 1968), aber nur eines unter ihnen enthält keine Vektoren der Länge $\sqrt{2}$, nämlich gerade das Leech-Gitter. Die zum Leech-Gitter gehörende Kugelpackung hat die Dichte $\pi^{12}/121 = 0{,}001929\ldots$; dies ist die dichteste unter allen bis heute bekannten Kugelpackungen (Gitter- oder nicht) in 24 Dimensionen. Es gibt genau 196 560 Vektoren kürzester Länge 2 im Leech-Gitter. Dies ist die maximale Kußzahl in 24 Dimensionen (Odlyzko, Sloane 1979). Die Anzahl N_m der Gitterpunkte auf der Kugel vom Radius $\sqrt{2m}$ berechnet man leicht mittels der im letzten Abschnitt skizzierten Theorie (vgl. Abb. 13).

Die Automorphismengruppe des Leech-Gitters hat die Ordnung 8 315 553 613 086 720 000 (J. H. Conway 1968). Aus dieser Automorphismengruppe heraus konstruierte Conway auf einen Schlag drei einfache Gruppen, die Gruppen $\cdot 1$, $\cdot 2$, $\cdot 3$. Dies war, nach fast 100 Jahren Ruhe auf dem Gebiet der endlichen einfachen Gruppen, ein Durchbruch. Mittlerweile ist die Liste der einfachen Gruppen vollständig. Neben bestimmten Serien gibt es genau 26 sporadische einfache Gruppen (vgl. Abb. 14). Die größte unter ihnen ist das sogenannte Fischer-Monster mit ca. $8{,}08 \times 10^{53}$ Elementen. Beim Beweis ihrer Existenz (R. L. Griess, 1980) spielte das Leech-Gitter nochmals eine wichtige Rolle.

The Leech Lattice in R^{24}

m	N_m	Prime Factors of N_m
0	1	1
1	0	0
2	196560	$2^4 \cdot 3^3 \cdot 5 \cdot 7 \cdot 13$
3	16773120	$2^{12} \cdot 3^2 \cdot 5 \cdot 7 \cdot 13$
4	398034000	$2^4 \cdot 3^7 \cdot 5^3 \cdot 7 \cdot 13$
5	4629381120	$2^{14} \cdot 3^3 \cdot 5 \cdot 7 \cdot 13 \cdot 23$
6	34417656000	$2^6 \cdot 3^3 \cdot 5^3 \cdot 7 \cdot 13 \cdot 17 \cdot 103$
7	187489935360	$2^{13} \cdot 3^7 \cdot 5 \cdot 7 \cdot 13 \cdot 23$
8	814879774800	$2^4 \cdot 3^3 \cdot 5^2 \cdot 7 \cdot 13 \cdot 17^2 \cdot 19 \cdot 151$
9	2975551488000	$2^{15} \cdot 3^2 \cdot 5^3 \cdot 7 \cdot 13 \cdot 887$
10	9486551299680	$2^5 \cdot 3^7 \cdot 5 \cdot 7 \cdot 13 \cdot 23 \cdot 12953$
11	27052945920000	$2^{12} \cdot 3^3 \cdot 5^4 \cdot 7 \cdot 11 \cdot 13 \cdot 17 \cdot 23$
12	70486236999360	$2^6 \cdot 3^2 \cdot 5 \cdot 7^2 \cdot 13^2 \cdot 59 \cdot 50093$
13	169931095326720	$2^{14} \cdot 3^7 \cdot 5 \cdot 7^2 \cdot 13 \cdot 1489$
14	384163586352000	$2^7 \cdot 3^3 \cdot 5^3 \cdot 7 \cdot 13 \cdot 23 \cdot 83 \cdot 5119$
15	820166620815360	$2^{13} \cdot 3^3 \cdot 5 \cdot 7 \cdot 13 \cdot 17 \cdot 19 \cdot 23 \cdot 1097$
16	1668890090322000	$2^4 \cdot 3^8 \cdot 5^3 \cdot 7 \cdot 13 \cdot 751 \cdot 1861$
17	3249631112232960	$2^{15} \cdot 3^4 \cdot 5 \cdot 7 \cdot 13 \cdot 23 \cdot 116993$
18	6096882661243920	$2^4 \cdot 3^3 \cdot 5 \cdot 7^2 \cdot 13 \cdot 17 \cdot 260654803$
19	11045500816896000	$2^{12} \cdot 3^8 \cdot 5^3 \cdot 7 \cdot 13 \cdot 23 \cdot 1571$
20	19428439855275360	$2^5 \cdot 3^3 \cdot 5 \cdot 7^2 \cdot 13 \cdot 23 \cdot 1747 \cdot 175709$

Abb. 13: Die Anzahl N_m der Gitterpunkte auf der Kugel vom Radius $\sqrt{2m}$ beim Leech-Gitter.

Group Notation	Discoverer(s)	Date	Order
M_{11}	Mathieu / Mathieu-Cole	1861	$2^4 3^2 5 \cdot 11 = 7{,}920$
M_{12}	Mathieu / Mathieu-Miller	1861	$2^6 3^3 5 \cdot 11 = 95{,}040$
M_{22}	Mathieu / Mathieu-Miller	1873	$2^7 3^2 5 \cdot 7 \cdot 11 = 443{,}520$
M_{23}	Mathieu / Mathieu-Miller	1873	$2^7 3^2 5 \cdot 7 \cdot 11 \cdot 23 = 10{,}200{,}960$
M_{24}	Mathieu / Mathieu-Miller	1873	$2^{10} 3^3 5 \cdot 7 \cdot 11 \cdot 23 = 244{,}823{,}040$
J or Ja or J_1	Janko	1965	$2^3 3 \cdot 5 \cdot 7 \cdot 11 \cdot 19 = 175{,}560$
$HaJW$ or J_2 or HaJ or J_1	Hall and Wales / Hall-Janko	1967	$2^7 3^3 5^2 7 = 604{,}800$
HiS	D. Higman and Sims	1967	$2^9 3^2 5^3 7 \cdot 11 = 44{,}352{,}000$
McL	Mclaughlin	1968	$2^7 3^6 5^3 7 \cdot 11 = 898{,}128{,}000$
Sz or Suz	Suzuki	1968	$2^{13} 3^7 5^2 7 \cdot 11 \cdot 13 = 448{,}345{,}497{,}600$
$HJMcK$ or J_3 or HJM or J_2	G. Higman and McKay / Hall-Janko-McKay / Janko-Higman and McKay	1968	$2^7 3^5 5 \cdot 17 \cdot 19 = 50{,}232{,}960$
$\cdot 1$ or Co_1	Conway / Conway-Thompson	1968	$2^{21} 3^9 5^4 7^2 11 \cdot 13 \cdot 23 = 4{,}157{,}771{,}806{,}543{,}360{,}000$
$\cdot 2$ or Co_2	Conway / Conway-Thompson	1968	$2^{18} 3^6 5^3 7 \cdot 11 \cdot 23 = 42{,}305{,}421{,}312{,}000$
$\cdot 3$ or Co_3	Conway / Conway-Thompson	1968	$2^{10} 3^7 5^3 7 \cdot 11 \cdot 23 = 495{,}766{,}656{,}000$
He or $HHMcK$ or HHM	Held, G. Higman and McKay	1968	$2^{10} 3^3 5^2 7^3 \cdot 17 = 4{,}030{,}387{,}200$
$M(22)$ or Fi_{22} or F_{22}	Fischer	1969	$2^{17} 3^9 5^2 7 \cdot 11 \cdot 13 = 64{,}561{,}751{,}654{,}400$
$M(23)$ or Fi_{23} or F_{23}	Fischer	1969	$2^{18} 3^{13} 5^2 \cdot 7 \cdot 11 \cdot 13 \cdot 17 \cdot 23 = 4{,}089{,}470{,}473{,}293{,}004{,}800$
$M(24)'$ or Fi'_{24} or Fi_{24} or F_{24}	Fischer	1969	$2^{21} 3^{16} 5^2 7^3 11 \cdot 13 \cdot 17 \cdot 23 \cdot 29 = 1{,}255{,}205{,}709{,}190{,}661{,}721{,}292{,}800$
Ly or LyS	Lyons-Sims	1970	$2^8 3^7 5^6 7 \cdot 11 \cdot 31 \cdot 37 \cdot 67 = 51{,}765{,}179{,}004{,}000{,}000$
R or RCW or Rud	Rudvalis-Conway-Wales / Rudvalis	1972	$2^{14} 3^3 5^3 7 \cdot 13 \cdot 29 = 145{,}926{,}144{,}000$
$O'N$ or $O'NS$	O'Nan-Sims	1973	$2^9 3^4 5 \cdot 7^3 11 \cdot 19 \cdot 31 = 460{,}815{,}505{,}920$
F or FLS or B or F_2	Fischer and Leon-Sims / Fischer	1973	$2^{41} 3^{13} 5^6 7^2 11 \cdot 13 \cdot 17 \cdot 19 \cdot 23 \cdot 31 \cdot 47 \approx 4.15 \times 10^{33}$
T or F_3 or E	Thompson-Smith / Fischer-Smith-Thompson	1974	$2^{15} 3^{10} 5^3 7^2 13 \cdot 19 \cdot 31 = 90{,}745{,}943{,}887{,}872{,}000$
$HaCNS$ or F_5 or F	Harada-Conway-Norton-Smith / Fischer-Smith / Harada-Norton and Smith	1974	$2^{14} 3^6 5^6 7 \cdot 11 \cdot 19 = 273{,}030{,}912{,}000{,}000$
M or F_1	Fischer / Fischer-Greiss	1974	$2^{46} 3^{20} 5^9 7^6 11^2 13^3 17 \cdot 19 \cdot 23 \cdot 29 \cdot 31 \cdot 41 \cdot 47 \cdot 59 \cdot 71 \approx 8.08 \times 10^{53}$
J_4	Janko / Norton-Parker-Benson-Conway-Thackray	1975	$2^{21} 3^3 5 \cdot 7 \cdot 11^3 23 \cdot 29 \cdot 31 \cdot 37 \cdot 43 = 86{,}775{,}571{,}046{,}077{,}562{,}880$

Abb. 14: Die 26 sporadischen einfachen Gruppen. Das Datum der Entdeckung ist im Allgemeinen nicht identisch mit dem Zeitpunkt des Nachweises ihrer Existenz.

Literatur

Zur Geschichte der Codierungstheorie und ihres Zusammenhangs mit Kugelpackungen und endlichen einfachen Gruppen:
T. M. THOMPSON: From Error-Correcting Codes through Sphere Packings to Simple Groups, The Mathematical Association of America 1983.

Mehr Informationen über Kugelpackungsprobleme und ihre Beziehungen zu nachrichtentechnischen Problemen sind zu finden in
N. J. A. SLOANE: Kugelpackungen im Raum, in Spektrum der Wissenschaft, Ausgabe März 1984.

Tiefergehende Betrachtungen über alle hier erwähnten Codes findet man in der umfangreichen Monographie:
F. J. MAC WILLIAMS, N. J. A. SLOANE: The Theory of Error Correcting Codes, North-Holland, Amsterdam, dritte Auflage 1981.

Quellenverzeichnis der Abbildungen

Abb. 1: New Scientist 3 July 1986, S. 38.
Abb. 2: Robert J. McEliece: The Reliability of Computer Memories, Scientific American Vol. 252 # 1 Jan. 1985, S. 72.
Abb. 6, 7: Spektrum der Wissenschaft, März 1984, S. 122–123.
Abb. 9: nach T. M. Thompson, loc. cit., S. 178.
Abb. 10, 11 (außer D_5), 13: N. J. A. Sloane: Tables of Sphere Packings and Spherical Codes, IEEE Transactions on Information Theory, vol. IT-27, No. 3, May 1981, S. 331, 332, 334, 335, 337 (Numerierung in Abb. 13 geändert).
Abb. 14: T. M. Thompson, loc. cit., S. 212–215.

Zusatz (Dezember 1987): Soeben erschien das schöne Buch von J. H. Conway und N. J. A. Sloane „Sphere Packings, Lattices and Groups", Grundlehren der mathematischen Wissenschaften 290, Springer-Verlag 1987; darin kann man sich über alle in diesem kurzen Bericht angeschnittenen Fragen und auch über die historische Entwicklung bestens informieren.

Primzahlen: Theorie und Anwendung

Von *Don Zagier*, Bonn

Die Theorie der Primzahlen, die die Mathematiker seit Jahrhunderten fasziniert hat, ist voll von Paradoxen. Wir nennen hier vier von ihren scheinbaren Widersprüchen:

1. Die Primzahlen besitzen in hohem Maße die Eigenschaft der Gesetzmäßigkeit, gleichzeitig aber und genauso stark die der Willkür.

2. Man kann leicht erkennen, ob eine gegebene große Zahl prim ist, dies aber schwer beweisen.

3. Es ist möglich festzustellen, ob eine gegebene Zahl prim ist oder nicht, ohne ihre Faktoren zu kennen.

4. Man kann die Primzahlen unter einer gegebenen Grenze x zählen, ohne die einzelnen zu kennen.

Zu der ersten dieser Behauptungen möchte ich hier nicht viel sagen, sondern auf einen früheren Vortrag von mir verweisen,[1] dessen Hauptthema sie bildete. Ich entleihe jenem Vortrag nur ein Zitat

> Sie wachsen wie Unkraut unter den natürlichen Zahlen, scheinbar keinem anderen Gesetz als dem Zufall unterworfen, und kein Mensch kann voraussagen, wo wieder eine sprießen wird, noch einer Zahl ansehen, ob sie prim ist oder nicht.

und zwei Bilder (Fig. 1 und 2), die die Regelmäßigkeit sowie die Unregelmäßigkeiten der Primzahlen frappant illustrieren. Beide Bilder zeigen das Wachstum der Funktion $\pi(x)$ = Anzahl der Primzahlen unterhalb einer Zahl x; im zweiten sieht man, wie die Funktion $\pi(x)$ im Bereich bis 10 Millionen von gewissen glatten Approximationen abweicht, die von Legendre, Gauss und Riemann vorgeschlagen wurden.

Zu der Behauptung **4.** erwähne ich einige Berechnungen von $\pi(x)$ für große Werte von x, die gemacht worden sind, ohne alle Primzahlen bis x einzeln zu bestimmen. 1885 hat Meissel die erste solche Methode erfunden und damit den Wert $\pi(1\,000\,000\,000) = 50\,847\,478$ errechnet; allerdings hat er sich vertan, und es gibt tatsächlich 50 847 534 Primzahlen unter einer Milliarde, wie man heute weiß.

---

[1] „Die ersten 50 Millionen Primzahlen," in *Lebendige Zahlen*, Mathematische Miniaturen 1, Birkhäuser-Verlag, Boston-Basel 1981, 39–73.

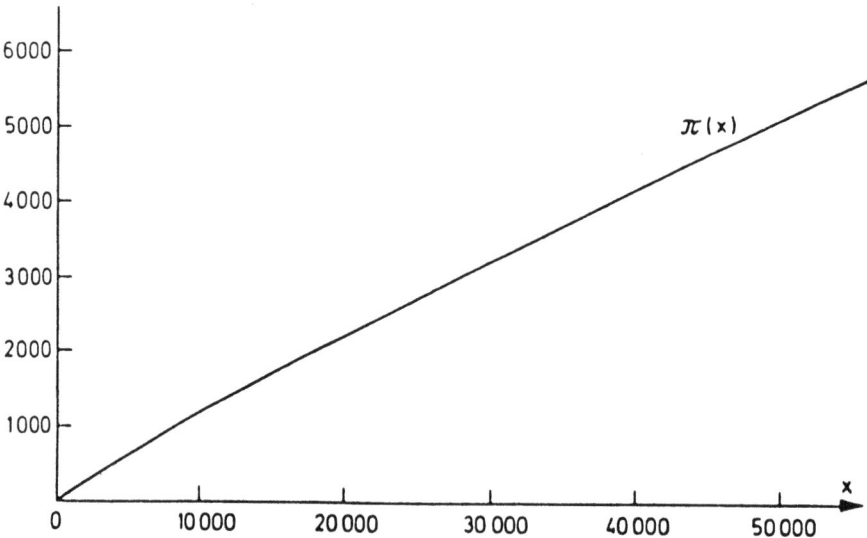

Fig. 1. $\pi(x)$, die Anzahl der Primzahlen $\leq x$, im Bereich $1 \leq x \leq 50\,000$

1958 errechnete LEHMER mit einer Varianten der MEISSELschen Methode den Wert $\pi(10\,000\,000\,000) = 455\,052\,512$. Auch er hat sich vertan, denn es gibt nur $455\,052\,511$ Primzahlen unter zehn Milliarden. Schließlich haben LAGARIAS, MILLER und ODLYZKO 1985 mit Hilfe einer neuen Methode und einer sehr großen Rechenan-

Fig. 2. Differenz zwischen $\pi(x)$ und den von LEGENDRE, GAUSS und RIEMANN gegebenen Approximationen.

Die Approximation von GAUSS lautet z. B. $\pi(x) \approx \dfrac{x}{\log x - 1}$. Der sogenannte Primzahlsatz, $\pi(x) \approx \dfrac{x}{\log x}$, gibt eine viel schlechtere Annäherung (Abweichung $44\,158$ bei $x = 10\,000\,000$).

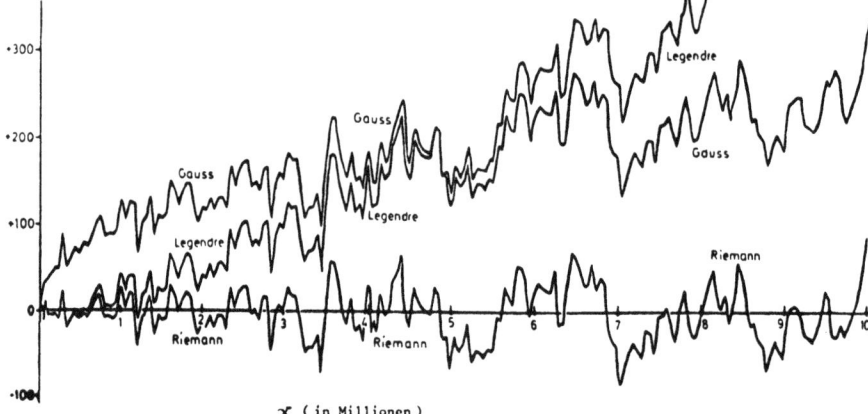

lage den Wert $\pi(40\,000\,000\,000\,000\,000) = 1\,075\,292\,778\,753\,150$ errechnet; ob auch sie sich vertan haben, ist unbekannt.

Der eigentliche Gegenstand dieses Vortrags hängt mit den Behauptungen 2. und 3. oben zusammen, das heißt, mit den Fragen der Primzahlerkennung und der Faktorisierung, zu denen GAUSS in den *Disquisitiones Arithmeticae* (§ 329) schrieb:

Problema, numeros primos a compositis diagnoscendi, hosque in factores suos primos resolvendi, ad gravissima ac utilissima totius arithmeticae pertinere, et geometrarum tum veterum tum recentiorum industriam ac sagacitatem occupavisse, tam notum est, ut de hac re copiose loqui superfluum foret.

[„Daß das Problem, die Primzahlen von den zusammengesetzten zu unterscheiden und letztere in ihre Primfaktoren zu zerlegen, zu den wichtigsten und auch nützlichsten der ganzen Arithmetik gehört und den Fleiß und die Weisheit der Geometer der Antike und der Neuzeit beschäftigt hat, ist so bekannt, daß es überflüssig ist, viel darüber zu sagen."]

Die letzten Worte dieses Zitats treffen nicht mehr zu, denn es ist nicht so bekannt, daß sich die Mathematiker in letzter Zeit wieder sehr aktiv mit diesem alten Problem beschäftigen – einerseits, weil man Möglichkeiten entdeckt hat, zu seiner Lösung **tiefe arithmetische Theorien** einzusetzen, andererseits, weil man **unerwartete Anwendungen im Bereich der Erstellung von Geheimcodes** entdeckt hat. Bevor ich auf diese beiden Aspekte eingehe, möchte ich zur Illustration einige spezielle Primzahltypen erwähnen, die in der Geschichte eine besondere Rolle spielten.

Zahlen, die gleich der Summe ihrer echten Teiler sind (etwa $28 = 1 + 2 + 4 + 7 + 14$) heißen *vollkommen* und waren in der Antike wegen ihrer vermeintlichen mystischen Eigenschaften sehr beliebt. EUKLID zeigte bereits, daß die Zahl $2^{n-1}p$, insofern $p = 2^n-1$ prim ist, stets vollkommen ist.[2] Primzahlen der Gestalt 2^n-1 heißen *Mersennesche Primzahlen*, nach dem französischen Priester MERSENNE, der 1644 die Primalität von 2^n-1 für $n = 2, 3, 5, 7, 11, 13, 17, 19, 31, 67, 127$ und 257 behauptet hat. Seine Liste ist nicht ganz richtig: 67 sollte 61 heißen, 89 und 107 fehlen, und $2^{257}-1$ ist nicht prim. Man kennt heute 29 Mersennesche Primzahlen.

Eine Idee, die die Mathematiker immer gelockt hat, war, eine Formel aufzustellen, die nur Primzahlen liefert. So hat der große französische Mathematiker FERMAT 1650 behauptet, daß die Zahlen $F_k = 2^{2^k} + 1$ immer prim seien, was er immerhin für $k \leq 4$ verifiziert hat ($2^1 + 1 = 3$, $2^2 + 1 = 5$, $2^4 + 1 = 17$, $2^8 + 1 = 257$, $2^{16} + 1 = 65537$). Seine Behauptung war besonders unglücklich: Schon der allernächste Wert $2^{32} + 1$ hat den kleinen Faktor 641, wie EULER bemerkte, und man

---

[2] Für gerade vollkommene Zahlen gilt auch die Umkehrung, wie EULER bewiesen hat. Ob es ungerade vollkommene Zahlen gibt, ist bis heute unbekannt.

glaubt heute sogar, daß alle F_k für $k \geq 5$ zusammengesetzt sind. Immerhin spielen die *Fermatschen Primzahlen* die Heldenrolle in dem berühmten Satz von GAUSS, wonach das regelmäßige *n*-Eck genau dann mit Zirkel und Lineal konstruierbar ist, wenn *n* sich aus einer Zweierpotenz und einem Produkt verschiedener solcher Primzahlen zusammensetzt (also $n = 3, 4, 5, 6, 8, 10, 12, 15, 16, 17, 20, 24, \ldots$).

Wir können jetzt einige Daten angeben, die ein Gefühl für die Grenzen bei Faktorisierung und Primzahlerkennung zu verschiedenen Zeitpunkten vermitteln. 1876 bewies E. LUCAS, daß $2^{127}-1$ prim ist (was, wie wir gesehen haben, auch von MERSENNE behauptet worden war, aber ohne Beweis). Diese 39stellige Zahl blieb 76 Jahre lang die größte bekannte Primzahl; sie wurde erst 1952 nach der Einführung elektronischer Rechenmaschinen durch die 687stellige Zahl $2^{2281}-1$ übertroffen. Der Weltrekord – der immer von einer Mersenneschen Primzahl besetzt war, weil diese besonders leicht zu testen sind – stieg danach mehrmals, er lag 1971 zum Beispiel bei $2^{19937}-1$ (6002 Ziffern) und steht heute bei $2^{216091}-1$ (65050 Ziffern). In der entgegengesetzten Richtung hat man bewiesen, daß die noch viel größere Zahl F_{20} (315653 Ziffern) *nicht* prim ist, allerdings ohne daß man einen Faktor von ihr gefunden hätte (vergleiche Bemerkung **3.** oben).

Wie kann man so große Zahlen auf Primalität testen? Um eine erste Antwort hierauf zu geben, müssen wir den *kleinen Fermatschen Satz*, eines der ersten und auch der wichtigsten theoretischen Resultate über Primzahlen, formulieren. Dafür brauchen wir wiederum den Begriff der *Kongruenz*, der für das ganze Weitere eine Schüsselrolle spielt.

Ist *n* eine fest gewählte natürliche Zahl, so können wir Zahlen vom Standpunkt ihres Restes nach Division durch *n* betrachten. Wir nennen zwei Zahlen *kongruent modulo n*, falls sie denselben Rest liefern. So sind zum Beispiel zwei (positive) Zahlen genau dann kongruent modulo 100, wenn ihre beiden letzten Dezimalstellen übereinstimmen, etwa 87 und 587. Man bezeichnet Kongruenz modulo *n* mit dem Zeichen $\equiv_n$. Das wichtigste an dem Begriff der Kongruenz ist einerseits, daß man nur endlich viele (genauer: *n*) Restklassen zu betrachten hat, da der Rest nach Division durch *n* stets unter den Zahlen $0, 1, 2, \ldots, n-1$ zu finden ist, andererseits, daß man mit diesen Klassen die elementaren arithmetischen Operationen (also Addition, Subtraktion, Multiplikation) ausführen kann. So ist zum Beispiel $21 \times 33 \equiv_{100} 93$, weil das Produkt je zweier Zahlen, die mit 21 bzw. 33 enden, eine Zahl mit den letzten beiden Ziffern 93 ist.

Mit diesem Begriff gewappnet, könnten wir den kleinen Fermatschen Satz aufstellen: *Ist p eine Primzahl und x eine beliebige nicht durch p teilbare Zahl, so ist die $(p-1)$-te Potenz x^{p-1} von x modulo p zu eins kongruent.* Für $p = 5$ zum Beispiel gilt stets $x^4 \equiv_5 1$, denn die möglichen Reste von der (nicht durch 5 teilbaren) Zahl *x* nach Division durch 5 sind 1, 2, 3 und 4, und die vierten Potenzen $1^4 = 1$, $2^4 = 16$, $3^4 = 81$, $4^4 = 256$ enden alle mit 1 oder 6.

Primzahlen: Theorie und Anwendung

Als Variante des Fermatschen Satzes haben wir die Aussage, daß die $\frac{p-1}{2}$-te Potenz von x immer kongruent 1 oder $p-1$ modulo p sein muß, wobei ein tiefer Satz aus der Zahlentheorie (Quadratisches Reziprozitätsgesetz) uns a priori sagt, welche der Alternativen auftreten wird. Zum Beispiel ist $5^{(p-1)/2} \underset{p}{\equiv} 1$, falls die letzte Ziffer von p entweder 1 oder 9 ist, aber $5^{(p-1)/2} \underset{p}{\equiv} p-1$, falls p mit 3 oder 7 endet.

Den kleinen Fermatschen Satz können wir jetzt als Primalitätstest einsetzen, denn wenn wir für gegebenes p eine nicht durch p teilbare Zahl x finden, für die die Fermatsche Behauptung $x^{p-1} \underset{p}{\equiv} 1$ nicht gilt, kann p nicht prim gewesen sein. Zum Beispiel ist

$$2^{14} = 16384 = 15 \times 1092 + 4 \underset{15}{\equiv} 4 \underset{15}{\not\equiv} 1,$$

also ist die Zahl 15 nicht prim. Dies sieht als Methode ziemlich umständlich aus, weil für große Zahlen p die Zahl x^{p-1} sehr groß sein wird, aber wir können die Berechnung schnell durchführen, indem wir eine Methode verwenden, die manchmal die „russische Bauernmethode" heißt, weil sie auf dem Prinzip beruht, das angeblich die russischen Muzhiken zur Multiplikation größerer Zahlen benutzten. Sie besteht darin, durch sukzessives Quadrieren und Berechnen der Reste die Kongruenzklassen der Zahlen x^2, $x^4 = (x^2)^2$, $x^8 = (x^4)^2$, $x^{16} = (x^8)^2$, ... modulo p zu ermitteln und sodann x^{p-1} mit Hilfe der binären Darstellung von $p-1$ als Produkt von Zahlen x^{2^r} zu berechnen. Wollen wir zum Beispiel testen, ob 101 prim ist, indem wir die Richtigkeit von $2^{50} \underset{101}{\equiv} 1$ oder 100 nachprüfen (d.h., wir benutzen die oben angegebene Variante des Fermatschen Satzes), so berechnen wir sukzessiv

$$2^1 = 2,\ 2^2 = 4,\ 2^4 = 4^2 = 16,\ 2^8 = 16^2 = 256 \underset{101}{\equiv} 54,$$

$$2^{16} \underset{101}{\equiv} 54^2 = 2916 \underset{101}{\equiv} 88,\ 2^{32} \underset{101}{\equiv} 88^2 = 7744 \underset{101}{\equiv} 68,$$

also (da 50 gleich 32 + 16 + 2 ist)

$$2^{50} \underset{101}{\equiv} 2^{32} \times 2^{16} \times 2^2 \underset{101}{\equiv} 68 \times 88 \times 4 = 23936 \underset{101}{\equiv} 100.$$

Dies ist für die kleine Zahl 101 recht kompliziert, aber der Aufwand nimmt bei größeren Zahlen p nur sehr langsam zu. So berechnet man für die 78stellige Zahl

$$p = 2^{257} - 1 =$$

231584178474632390847141970017375815706539969331281128078915168015826259279871

die Zahl 3^{p-1} mit nur ungefähr 500 Multiplikationen (mein Laptop-Computer macht das in 8 Sekunden) und findet

$$3^{(p-1)/2} \underset{p}{\equiv}$$

379120102079384371927416061199043151230143648698746541750663412228527222315865.

Da das Ergebnis weder 1 noch $p-1$ ist, haben wir, im Gegensatz zur Mersenneschen Behauptung, bewiesen, daß p zusammengesetzt ist – ohne allerdings die geringste Ahnung zu haben, was ihre Faktoren sein könnten.

Wenn eine Zahl den Fermat-Test nicht besteht, so ist sie definitiv nicht prim. Die Umkehrung gilt nicht, z. B. ist $2^{(p-1)/2}$ für $p = 2^{257}-1$ kongruent 1 modulo p, und doch ist p, wie wir gerade gesehen haben, keine Primzahl.[3] Man weiß aber, daß *für eine Nicht-Primzahl p der verfeinerte Fermat-Test $x^{(p-1)/2} \not\equiv 1$ oder $p-1$ für mindestens die Hälfte aller Zahlen x versagt*. Man kann also für gegebenes p den Test mit verschiedenen, zufällig gewählten Werten von x wiederholen, bis p entweder durchgefallen oder mit an Sicherheit grenzender Wahrscheinlichkeit als prim erkannt worden ist. (Im zweiten Fall nennt man p eine „Pseudoprimzahl" oder eine „Primzahl für industrielle Zwecke".)

Vom praktischen Standpunkt her gesehen ist es also sehr leicht, die Primalität auch einer sehr großen Zahl zu bestätigen oder zu widerlegen. Stellt sich die Zahl aber als zusammengesetzt heraus, so ist die Ermittlung ihrer Primfaktoren eine ungleich schwierigere Aufgabe. So konnten wir vorhin das Nicht-prim-sein einer 78stelligen Zahl in 8 Sekunden auf einem Minicomputer feststellen; die entsprechende Rechenzeit auf einer Großrechenanlage wäre auch bei einer Zahl von mehreren hundert Ziffern nur ein winziger Bruchteil von einer Sekunde. Für die Faktorisierung dagegen hat man folgende sehr approximative Tabelle von erforderlichen Rechenzeiten auf den größten heute verfügbaren Computern und mit den schnellsten heute verfügbaren Methoden:

Anzahl der Ziffern	50	70	90	100
Typische Rechenzeit	1 Minute	7 Stunden	4 Tage	1 Monat

Diese Kluft zwischen der Schwierigkeit der beiden Probleme „Primzahlen erkennen" und „Zahlen faktorisieren" ist die Basis für die Verwendbarkeit der Primzahlen bei der Erstellung von Geheimcodes. Dies werden wir jetzt erläutern und danach zur Theorie der Primzahlen zurückkehren.

Die Codes, um die es geht, gehören zu einem Typ, den man „public key cryptosystem" nennt. Dies bedeutet, daß jeder Benutzer A des Systems mit einem Verfahren Φ_A ausgestattet ist, welches Nachrichten x (etwa Ketten von Buchstaben oder von Zahlen) in andere umwandelt. Dieses Verfahren ist öffentlich bekannt, das heißt jeder interessierte Benutzer hat Zugang zu ihm (daher das Wort „public key"), und umkehrbar, das heißt es gibt ein eindeutiges Verfahren $\overleftarrow{\Phi}_A$, das die verschlüsselte Nachricht $\Phi_A(x)$ in x zurückverwandelt. Der springende Punkt ist, daß dieses inverse Verfahren nur A bekannt ist und von einem anderen nicht, oder

---

[3] In gewissen Fällen gilt allerdings eine partielle Umkehrung, z. B. ist eine Fermatsche Zahl $p = F_k$ genau dann prim, wenn $3^{(p-1)/2} \equiv p-1$.

nicht ohne sehr großen Aufwand, gefunden werden kann. Will nun Benutzer A an Benutzer B eine Nachricht x senden, so wendet er auf x zunächst das (nur ihm bekannte) Verfahren $\overleftarrow{\Phi}_A$ und danach das (jedem bekannte) Verfahren Φ_B an. Er schickt also die verschlüsselte Nachricht $\Phi_B(\overleftarrow{\Phi}_A(x))$ an B, der sie lesen kann, indem er umgekehrt erst $\overleftarrow{\Phi}_B$ und danach Φ_A anwendet. Die Kommunikation ist doppelt geschützt: A weiß, daß seine Mitteilung nur von B gelesen werden kann, weil man zu ihrer Entschlüsselung das nur B bekannte Verfahren $\overleftarrow{\Phi}_B$ benötigt; B weiß, daß die Mitteilung tatsächlich von A stammt, weil nur A den ersten Schritt $\overleftarrow{\Phi}_A$ hätte durchführen können.

Dieses Schema ist natürlich sehr allgemein und kann auf verschiedenste Weisen realisiert werden. Wir beschreiben eine besonders einfache Version der Realisierung mit Hilfe von Primzahlen. Jeder Benutzer wählt zwei sehr große, sagen wir 100stellige, Primzahlen p und q und macht das Produkt $N = pq$ öffentlich bekannt. Die Zahlen p und q zu finden, ist leicht: A testet verschiedene 100stellige Zahlen mit der oben beschriebenen Wahrscheinlichkeitsmethode, bis er zwei (Pseudo-)Primzahlen gefunden hat; dies wird nicht allzu lange dauern, da fast 1% der ungeraden 100stelligen Zahlen prim sind und der Test jeweils nur einen Bruchteil von einer Sekunde dauert. Für die Version, die wir beschreiben, nehmen wir an, daß A nur unter Zahlen der Gestalt $3k + 2$ sucht, also $p = 3a + 2$, $q = 3b + 2$. Das Codierungsverfahren von A lautet jetzt:

(1) $\qquad \Phi_A(x)$ = Rest von x^3 nach Division durch N,

wobei die ursprüngliche Nachricht eine Zahl x zwischen 0 und $N-1$ sein soll, was man erreichen kann, indem man Buchstaben in Ziffern umsetzt und die entstehende Ziffernfolge in Blöcke der Länge 100 einteilt. Da die Zahl N und die Formel (1) öffentlich bekannt sind, kann jeder das A'sche Verfahren $x \mapsto \Phi_A(x)$ nachvollziehen. Das inverse Verfahren zu (1) lautet aber

(2) $\qquad \overleftarrow{\Phi}_A(y)$ = Rest von y^M nach Division durch N,

wobei $M = 6ab + 2a + 2b + 1$ ist. Da nur A die beiden Primfaktoren $p = 3a + 2$ und $q = 3b + 2$ von N kennt, kann nur er das Verfahren $y \mapsto \overleftarrow{\Phi}_A(y)$ durchführen. Damit leisten die durch (1) und (2) festgelegten Prozesse das Gewünschte, insofern sie tatsächlich zueinander invers sind, was wir jetzt als kleine Übung in der Benutzung des Fermatschen Satzes verifizieren:

$$\overleftarrow{\Phi}_A\big(\Phi_A(x)\big) \underset{N}{\equiv} \big(\Phi_A(x)\big)^M \underset{N}{\equiv} \big(x^3\big)^M = x^{3M} = x^{2(p-1)(q-1)+1} \underset{N}{\equiv} x,$$

weil

$$x^{p-1} \underset{p}{\equiv} 1 \;\Rightarrow\; x^{2(p-1)(q-1)+1} = \big(x^{p-1}\big)^{2(q-1)} \cdot x \underset{p}{\equiv} x,$$

$$x^{q-1} \underset{q}{\equiv} 1 \;\Rightarrow\; x^{2(p-1)(q-1)+1} = \big(x^{q-1}\big)^{2(p-1)} \cdot x \underset{q}{\equiv} x,$$

und weil zwei Zahlen, die modulo den Primzahlen p und q kongruent sind, automatisch auch modulo dem Produkt $N = pq$ kongruent sind.

Wir kommen jetzt zu der arithmetischen Theorie zurück. Da der Vortrag eigentlich über Primzahlen und nicht über zusammengesetzte Zahlen geht, werden wir uns dabei auf Primalitätstests statt auf Faktorisierungsmethoden konzentrieren. Wie wir gesehen haben, kann man in vernachlässigbar kurzer Rechenzeit die Nichtprimalität einer Zahl nachweisen oder sich umgekehrt mit Pseudoprimalitätsmethoden von der Primalität einer Zahl überzeugen. Für den Mathematiker ist das aber natürlich nicht gut genug. Wie kann man von einer wirklich großen Zahl *beweisen*, daß es sich um eine Primzahl handelt? Wie wir am Anfang des Vortrags erwähnt haben, hat man zur Lösung dieser Aufgabe in den allerletzten Jahren neue Ansätze entdeckt, die auf schwierigen und weittragenden Hilfsmitteln aus der Zahlentheorie basieren. Diese Anwendbarkeit tiefliegender Theorien auf das algorithmische und elementar anmutende Problem der Primzahlerkennung war verblüffend und aufsehenerregend.

Heute sind zwei Methoden zur schnellen Primalitätsprüfung bekannt, die auf solchen höheren Theorien aufbauen. Die erste wurde von ADLEMAN-POMERANCE-RUMELY 1980 erfunden und von COHEN und LENSTRA 1982 verfeinert und in einen wirklich praktischen Algorithmus umgesetzt. Diese APR/CL-Methode basiert auf den sogenannten höheren Reziprozitätsgesetzen aus der Klassenkörpertheorie. Das sind Sätze, deren Formulierungen (geschweige denn Beweise) wir hier nicht geben können. Es handelt sich um weitgehende Verallgemeinerungen des im Zusammenhang mit dem Fermat-Test erwähnten Gaußschen Reziprozitätsgesetzes, die es, ganz grob gesagt, erlauben, nicht nur die Klasse von $x^{(p-1)/2}$ modulo p, sondern auch die Klasse von $x^{(p-1)/d}$ modulo p für verschiedene Teiler d von $p-1$ vorauszusagen. Diese zusätzliche Freiheit verschafft uns irgendwann soviel Information über die Zahl p daß wir sie als Primzahl erkennen können.

Typische Rechenzeiten für die APR/CL-Methode werden durch folgende Tabelle gegeben.

Anzahl der Ziffern	100	200	500
Typische Rechenzeit	20 Sekunden	2 Minuten	1 Stunde

Wie man sieht, sind sie viel länger als die Millisekunden, die man für den Pseudoprimalitätstest braucht, aber um viele Größenordnungen kürzer als die zur Faktorisierung erforderlichen Zeiten, die wir in der ersten Tabelle angegeben haben. Die theoretische Analyse der Methode zeigt, daß sie fast polynomial in der Anzahl der Ziffern der zu testenden Zahl p ist (genauer: die Rechenzeit wächst asymptotisch wie $(\log p)^{C \log\log\log p}$ für eine gewisse Konstante C).

Die zweite Methode ist noch jüngeren Datums: Sie wurde 1986 von GOLDWASSER und KILIAN und – in der Gestalt, die wir beschreiben wollen – von ATKIN entwickelt. Sie benutzt nicht die Reziprozitätsgesetze aus der Klassenkörpertheorie, sondern die Theorie der elliptischen Kurven, ein sehr aktuelles Forschungsgebiet, das sich im übrigen nach Entdeckungen von LENSTRA und anderen auch auf das Problem der Faktorisierung gut anwenden läßt. Die GK/A-Methode ist in der heutigen Implementierung etwas langsamer als die APR/CL-Methode (die geschätzte Rechenzeit für eine 500stellige Primzahl wäre ungefähr 10 Stunden), wäre aber für genügend große Zahlen irgendwann schneller, da die Rechenzeit asymptotisch wie eine feste Potenz (ungefähr die fünfte) von $\log p$ wächst. Im Rest des Vortrags geben wir eine stark vereinfachte Beschreibung des GK/A-Algorithmus, wobei die mathematischen Ansprüche etwas höher sein werden als bisher.

Erst erläutern wir aber eine andere Methode, die viel einfacher ist, allerdings nur dann zum Erfolg führt, wenn man die volle Faktorisierung der Zahl $p-1$ kennt. Nehmen wir zum Beispiel an, wir wollen die Primalität der Zahl $p = 577$ beweisen. Durch sukzessives Teilen durch 2 und 3 stellt man fest, daß $p-1$ nur diese beiden Primfaktoren hat: $p-1 = 576 = 2^6 \times 3^2$. Mit der russischen Bauernmethode findet man schnell

$$5^{p-1} = 5^{576} = 5^{512} \times 5^{64} \underset{p}{\equiv} 546 \times 335 \underset{p}{\equiv} 1,$$
$$5^{(p-1)/2} = 5^{288} = 5^{256} \times 5^{32} \underset{p}{\equiv} 435 \times 256 \underset{p}{\equiv} 576 \underset{p}{\not\equiv} 1,$$
$$5^{(p-1)/3} = 5^{192} = 5^{128} \times 5^{64} \underset{p}{\equiv} 287 \times 335 \underset{p}{\equiv} 363 \underset{p}{\not\equiv} 1$$

Wenn man also sukzessiv die Klassen modulo p von $5^1, 5^2, 5^3, \ldots, 5^n, \ldots$ berechnet, so wiederholen sie sich immer nach 576 Schritten, weil $5^{n+576} \underset{p}{\equiv} 5^n \times 5^{576} \underset{p}{\equiv} 5^n$, aber nicht nach weniger Schritten, da jeder echte Teiler von 576 ein Teiler von 288 oder 192 ist und die Potenzen 5^{288} und 5^{192} noch nicht zu 1 modulo p kongruent sind. Es folgt, daß die Klassen von $5^1, 5^2, \ldots, 5^{p-1}$ modulo p alle verschieden sind. Aber dann muß 577 prim sein, denn die Anzahl der zu einer Zahl p teilerfremden Klassen modulo p ist offenbar nur dann gleich $p-1$, wenn p prim ist (sonst würden unter den Klassen $1, 2, \ldots, p-1$ mindestens die Teiler von p entfallen). Der Nachteil der Methode ist klar: Sie funktioniert nur, wenn wir die Zahl $p-1$, die ja kaum kleiner als p ist, voll faktorisieren können. Bei der speziell gewählten Zahl 577 hatten wir damit Glück; im allgemeinen aber haben wir mit unserem Verfahren das Problem des Primalitätsnachweises nur auf das viel schwierigere Problem der Faktorisierung „reduziert".

Um diese Schwierigkeit zu umgehen, muß man das Verfahren von einem abstrakteren Standpunkt aus interpretieren. Was wir eigentlich gebraucht haben, war nur, daß die zu einer Primzahl p teilerfremden Klassen modulo p eine *Gruppe* bilden, das heißt, es gibt eine Operation (hier natürlich die Multiplikation), die aus jeweils zwei Klassen eine dritte produziert. Von diesem Standpunkt aus gesehen bestand unsere Schwierigkeit darin, daß diese „multiplikative Gruppe" durch p

eindeutig bestimmt ist und ihre Ordnung (Anzahl der Elemente) gleich der eben nicht unbedingt hoch faktorisierbaren Zahl $p-1$. Wenn wir aber andere Gruppen hätten – also andere endliche Mengen, die unter einer binären Operation abgeschlossen sind und auch die sonstigen Gruppenaxiome erfüllen –, so könnten wir hoffen, unter ihnen solche zu finden, deren Ordnung sich faktorisieren läßt; dann würde dieselbe Beweisidee wie im Fall der multiplikativen Gruppe zu einem Beweis der Primalität von p führen. Solche Gruppen werden eben durch die elliptischen Kurven geliefert.

Die elliptischen Kurven sind Strukturen, die durch eine Gleichung

(3) $\qquad y^2 = x^3 + Ax + B \qquad$ (A, B feste Konstanten)

gegeben werden können. Die Punkte der Kurve sind die Paare (x,y), die die Gleichung erfüllen, zusammen mit einem zusätzlichen Punkt „∞". Erstaunlicherweise bilden sie eine Gruppe unter dem Gesetz: Sind P und Q Punkte der Kurve, so ist $P + Q$ der Punkt, den man erhält, wenn man den dritten Schnittpunkt der Verbindungsgeraden $\overline{PQ}$ mit der Kurve bildet und diesen an der x-Achse spiegelt (s. Figur 3).

Wie man leicht nachrechnet, wird diese geometrisch definierte Gruppenoperation durch die Formel[4]

$$(x_1,y_1) + (x_2,y_2) = (x_3,y_3) \text{ mit } x_3 = \left(\frac{y_2-y_1}{x_2-x_1}\right)^2 - x_1 - x_2, \; y_3 = -\frac{y_2-y_1}{x_2-x_1}(x_3-x_1) - y_1$$

(zusammen mit den Ergänzungsgesetzen $(x,y) + \text{„}\infty\text{"} = (x,y)$ und $(x,y) + (x,-y) = \text{„}\infty\text{"}$)

Fig. 3. Additionsgesetz auf einer elliptischen Kurve

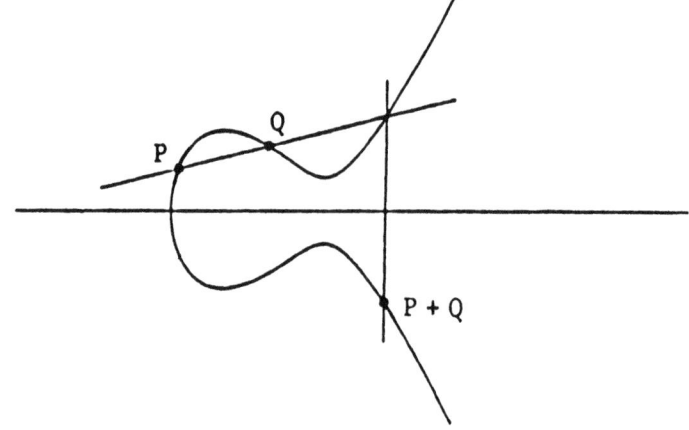

[4] Im Falle $(x_1,y_1) = (x_2,y_2)$ muß man in dieser Formel den sinnlosen Ausdruck $\frac{y_2-y_1}{x_2-x_1}$ durch $\frac{3x_1^2+A}{2y_1}$ ersetzen.

beschrieben. Diese rein algebraische Schreibweise erlaubt es, das Ganze in die Welt der Restklassen modulo einer Primzahl p zu transponieren. Somit erhalten wir eine neue, von der multiplikativen Gruppe verschiedene, endliche Gruppe und sogar – wenn wir die Koeffizienten A und B in (3) variieren – ganz viele.

Dies würde allerdings nichts nutzen, wenn wir die Ordnungen unserer Gruppen nicht kennen würden. Im allgemeinen ist die Bestimmung der Anzahl der Elemente auf einer elliptischen Kurve modulo p ein schwieriges Problem. Es gibt aber eine spezielle Klasse, für die man die Antwort kennt. Das sind die sogenannten CM-Kurven („CM" steht für die englischen Worte „complex multiplication", die wir nicht weiter erläutern). Ohne auf die Definition einzugehen, sagen wir nur, daß das gewisse elliptische Kurven E_d (d = 1,2,3,...) sind, deren Gleichungen explizit bekannt sind, zum Beispiel

E_4: $y^2 = x^3 - x$,

E_7: $y^2 = x^3 - 35x + 98$,

E_5: $y^2 = x^3 - (30 + 9\sqrt{5})x + (56 + 36\sqrt{5})$.

Wie man sieht, sind die Koeffizienten nicht unbedingt gewöhnliche, sondern manchmal auch algebraische Zahlen, was aber auch in der Welt modulo p einen Sinn hat (zum Beispiel kann man modulo 11 für $\sqrt{5}$ die Zahl 7 nehmen, da $7^2 = 49 \equiv_{11} 5$). Die algebraischen Zahlen, die in der Gleichung von E_d vorkommen, haben einen Grad h_d, der die *Klassenzahl* von d heißt und die man immer ausrechnen kann (in unseren Beispielen oben ist $h_4 = 1$, $h_7 = 1$, $h_5 = 2$). Das Besondere an den CM-Kurven ist, daß für gewisse „gute" Primzahlen die Anzahl der Restklassen modulo p, die die Gleichung von E_d erfüllen, durch eine einfache Formel gegeben wird. Diese guten Primzahlen sind die Primzahlen der Gestalt

(4) $$p = a^2 + db^2$$

und die besagte Formel für die Anzahl $N_d(p)$ von Punkten auf E_d modulo p lautet[5]

(5) $$N_d(p) = p - 2a + 1.$$

Zum Beispiel ist $N_4(13) = 8$, da die Gleichung $y^2 \equiv_{13} x^3 - x$ die 8 Lösungen $(x,y) = (0,0)$, (1,0), (5,4), (5,9), (8,6), (8,7), (12,0) und „∞" hat, und tatsächlich ist $13 = 3^2 + 4 \times 1^2$, $13 - 6 + 1 = 8$.

---

[5] In den Formeln (4) und (5) ist die Zahl a nicht unbedingt positiv zu nehmen; es gibt aber ein einfaches Rezept, um zwischen $|a|$ und $-|a|$ richtig zu wählen.

Die guten Primzahlen bilden einen positiven Prozentsatz in der Gesamtheit aller Primzahlen, genauer, sie haben in der Menge aller Primzahlen die Dichte $\frac{1}{2h_d}$. So gilt in unseren Beispielen

(6)
p ist gut für $E_4 \Leftrightarrow p = a^2 + 4b^2 \Leftrightarrow p \equiv_4 1$ (50% aller Primzahlen)

p ist gut für $E_7 \Leftrightarrow p = a^2 + 7b^2 \Leftrightarrow p \equiv_{14} 1, 9$ oder 11 (50%),

p ist gut für $E_5 \Leftrightarrow p = a^2 + 5b^2 \Leftrightarrow p \equiv_{20} 1$ oder 9   (25%)

Umgekehrt gibt es für eine gegebene Primzahl p viele Kurven E_d, für die p gut ist. Außerdem kann man mit bekannten Algorithmen die Darstellung einer guten Primzahl p in der Gestalt (4) schnell finden, auch wenn p sehr groß ist.

Sei p die Zahl, deren Primalität wir nachweisen wollen. Man probiert dann der Reihe nach kleine Zahlen d (oder noch besser: Zahlen d, für die h_d klein ist), bis man eine findet, für die gilt:

(i) p ist gut für E_d (dies ist mit Kriterien wie in (6) leicht nachzuprüfen) und
(ii) die mit Hilfe der Formeln (4) und (5) berechnete Anzahl $N_d(p)$ hat eine Faktorisierung $N_d(p) = sq$ mit s nicht allzugroß und q prim.

Da es unter großen Zahlen verhältnismäßig viele gibt, die das Produkt von einer relativ kleinen Zahl und einer Primzahl sind, wird man mit hoher Wahrscheinlichkeit ein solches d finden können. Natürlich wird man in (ii) zunächst nur verifizieren können, daß q eine Pseudoprimzahl ist; wir können aber ihre Primalität vorläufig annehmen, den Primalitätstest für p unter dieser Annahme zuende durchführen und anschließend mit genau derselben Methode die Primalität der viel kleineren Zahl q nachweisen (bootstrapping).

Wir wählen jetzt einen beliebigen Punkt P auf der Kurve E_d modulo p und berechnen (mit der russischen Bauernmethode, also mittels sukzessivem Verdoppeln) den Punkt $Q = sP$, das heißt, die s-fache Summe $P + P + \ldots + P$, wobei die Addition die der elliptischen Kurve ist. Wir berechnen dann, wieder nach der russischen Bauernmethode, das Vielfache qQ. Wenn unsere Zahl p tatsächlich prim war, so muß für qQ das Nullelement „∞" der Gruppe E_d modulo p herauskommen, da dann die Zahl sq tatsächlich die Ordnung dieser Gruppe ist. Nehmen wir an, dies sei der Fall (sonst haben wir die Primalität von p widerlegt). Weil q prim ist, hat Q die *genaue* Ordnung q. Wir wissen noch nicht, daß die Ordnung der Gruppe E_d modulo p gleich der durch (5) errechneten Zahl $N_d(p)$ ist, da diese Formel nur für Primzahlen gilt. Die Existenz von Q impliziert aber, daß diese Ordnung durch q teilbar ist. Wenn p nicht prim, sondern das Produkt von Primzahlen $p_1, \ldots, p_n$ ist, so ist die richtige Ordnung der Kurve E_d modulo p gleich dem Produkt $N_d(p_1) \ldots N_d(p_m)$, wobei $N_d(p_1)$ jeweils durch Formel (5) gegeben wird. Da die Primzahl q diese Ordnung teilt, muß mindestens einer der Faktoren, etwa

$N_d(p_1)$, durch q teilbar sein. Dann ist $N_d(p_1)$ mindestens so groß wie q und damit auch p_1 nicht wesentlich kleiner als q, da (4) und (5) implizieren, daß p_1 und $N_d(p_1)$ ungefähr gleich groß sind. Dies impliziert aber, daß das Produkt der restlichen Faktoren $p_2 \ldots p_n = p/p_1$ nicht wesentlich größer als $p/q \approx N_d(p)/q = s$ ist. Damit sind wir fertig, denn s wurde als „nicht allzugroß" vorausgesetzt und wir können annehmen, daß die Existenz von kleinen Faktoren von p durch direktes Suchen schon vorher ausgeschlossen wurde.

Beispiel: Sei $p = 9241$ die zu testende Zahl. Sie ist pseudoprim (z.B. ist $2^{9240/2} \underset{p}{\equiv} 1$). Da $p \underset{4}{\equiv} 1$, muß p nach (6) als $a^2 + 4b^2$ darstellbar sein, und tatsächlich ist $9241 = 5^2 + 4 \times 48^2$. Die Formel (5) gibt jetzt den Wert

$$N_4(p) = 9241 - 10 + 1 = 9232 = 16 \times 577$$

für die Ordnung der Kurve E_4 modulo p, falls p tatsächlich prim ist. Die Zahl 16 ist nicht allzu groß, und die Primalität von 577 haben wir schon nachgewiesen. Der Punkt $Q = (-19, 49)$ liegt auf der Kurve E_4 modulo p, da $49^2 \underset{9241}{\equiv} (-19)^3 - (-19)$. Außerdem ist $577Q = 0$, denn man findet mit der russischen Bauernmethode sukzessiv
$2Q = (4536, -2249)$, $4Q = (1296, -1145), \ldots, 64Q = (2482, -338), \ldots, 512Q = (-2009, 2197)$,

$$576Q = 512Q + 64Q = (2482, -338) + (-2009, 2197) = (-19, -149) = -Q.$$

(Den Punkt Q haben wir als $sP = 16P$ gefunden, wobei $P = (-527, 155)$ ein zufällig gewählter Punkt auf E_4 modulo 9241 war.) Da 577 prim ist, ist die Ordnung von Q genau 577, also ist die Ordnung von E_4 modulo p durch 577 teilbar und p muß mindestens einen Primfaktor p_1 haben, für den $N_d(p_1)$ durch 577 teilbar ist. Dann gilt

$$577 \leq N_d(p_1) \leq p_1 + 2\sqrt{p_1} + 1, \quad p_1 \geq 530, \; p/p_1 \leq 9241/530 < 18.$$

Da 9241 keine Faktoren kleiner als 18 hat, muß sie tatsächlich prim sein.

Für den Leser, der mehr über die in diesem Vortrag angeschnittenen Themen erfahren möchte, empfehlen wir den sehr schönen Übersichtsartikel „Elliptic curves and number theoretic algorithms" von H. LENSTRA in den Proceedings des Berkeley Internationalen Mathematiker-Kongresses (AMS, 1986) sowie das Buch „Prime Numbers and Computer Methods for Factorization" von H. RIESEL (Progress in Math. 57, Birkhäuser-Verlag, Basel 1985), das nicht nur die Theorie, sondern auch eine Fülle von numerischem Material bringt.

Diskussion

Herr Hirzebruch: Kommt man mit der geschilderten Methode mit CM-Kurven grundsätzlich immer zum Ziele?

Herr Zagier: Das hängt natürlich von der Rechenzeit und dem Geld ab. Bei meinem Beispiel habe ich etwas gemogelt: Die Primzahl 9241 war mir nicht von jemandem gegeben worden, der sie gern getestet haben wollte, sondern ich hatte sie speziell gewählt, um die vorkommenden Zahlen relativ einfach zu halten. Die Methode, die probabilistisch ist, kann natürlich sehr leicht schiefgehen. Man muß einer Primzahl erst eine elliptische Kurve zuordnen und dann deren Ordnung zu faktorisieren versuchen. Dabei muß man sich entscheiden, wann man das abbricht. Zum Beispiel beginnt man zu faktorisieren und findet nach hundert Millionen keine kleinen Primzahlen mehr; man muß dann entscheiden, ob man die Suche fortsetzen will oder die ganze elliptische Kurve fallenlassen und es mit einer anderen probieren. Man muß also sehr viele Entscheidungen treffen, und es gibt sehr viele Varianten.

Im Prinzip kann man immer zum Ziel kommen, aber die Rechnungen werden immer komplizierter. Es ist dann eine Frage des relativen Wertes. Die Methode, die ich beschrieben habe, würde für eine 500stellige Zahl mit ziemlicher Sicherheit in vielleicht zehn Stunden funktionieren, manchmal viel schneller.

Methoden zur Faktorisierung dagegen – etwa Lenstras Methode, die dem GK/A Primalitätstest sehr ähnlich ist und ebenfalls mit elliptischen Kurven (aber ohne komplexe Multiplikation) arbeitet – werden ziemlich hoffnungslos, wenn die Faktoren zu groß sind. Es dauert einfach alles zu lange.

Herr Korte: Ich möchte auf Ihre Anwendungen der Primzahlen bei der Kryptographie zurückkommen. Sie haben gesagt, das sei absolut unlösbar. Damit haben Sie die Decodierungsfunktion, d. h. die Faktorisierung von Primzahlen gemeint, die nur der Empfänger kennt. Mit der Bemerkung „absolut unlösbar" suggeriert man ja auch: „absolut sicher".

Nun wissen wir ja, daß Shamir neulich ein anderes Codierungssystem, nämlich dasjenige von Merkle und Hellmann gebrochen hat. Dieses System benutzt zwar keine Primzahlenfaktorisierung, sondern das Knapsack Problem zur Codierung.

Die Arbeiten von Shamir haben hier gezeigt, daß die Decodierungsfunktion sehr wohl schnell zu brechen ist, wenn auch nicht immer, aber doch mit Wahrscheinlichkeit.

Diesem Codierungssystem liegt ein NP-vollständiges Problem, das Knapsack Problem zugrunde, das auch in der einen Richtung einfach, aber in der anderen Richtung sehr schwer ist. Dennoch wurde gezeigt, daß die Trapdoorfunktion doch wenigstens approximativ und mit Wahrscheinlichkeit einfach zu berechnen ist und damit der Code unsicher ist.

Für Codierungssysteme, die auf Primzahlzerlegung beruhen, benutzt man zwar für die Trapdoorfunktion dieselbe Sache, nämlich auch die Faktorisierung, aber es würde doch auch hier reichen, wenn der Code mit Wahrscheinlichkeit relativ unbrauchbar wird, zum Beispiel auch nur bei fester Codelänge.

Herr Zagier: Ich weiß nicht, was ich gesagt habe – das weiß man ja nie –, aber ich wollte jedenfalls nicht gesagt haben, daß diese Methode absolut sicher ist. Jedes endliche Problem ist lösbar. Man braucht nur lange genug zu rechnen, hier allerdings vielleicht unvorstellbar lange, dann kommt man schon hin. Was ich gesagt haben wollte, ist nur, daß es überhaupt keinen Unterschied macht, ob man fragt: Kann ich $\overleftarrow{\Phi} A$ berechnen? oder: Kann ich N faktorisieren? Man kommt nämlich von der inversen Funktion sofort auf die Faktoren.

Mit anderen Worten: Wenn unsere Annahme stimmt, daß man nicht, nicht einmal mit einer guten Wahrscheinlichkeit, sondern im wesentlichen mit Wahrscheinlichkeit Null, eine sehr, sehr große Zahl faktorisieren kann – das ist bisher die Erfahrung, die sich natürlich morgen ändern kann, wenn jemand eine gute Methode findet –, wenn es also stimmt, daß Faktorisierung nicht machbar ist, *dann* ist dieser Code sicher.

Nun kommen die Leute natürlich immer wieder auf Fälle, in denen man sehr aufpassen muß. Man hat gemerkt, daß bei gewissen Sorten von Primfaktoren es doch Tricks gibt, wie man N faktorisieren kann, wenn man zum Beispiel zu viele Messages mit demselben Code schickt. Dann kann man vielleicht irgend etwas über die Art der Primzahlzerlegung erkennen. Es gibt immer wieder Arbeiten, in denen man sagt: Ich habe entdeckt, daß es unsicher sein könnte, wenn die Faktoren p und q von N so aussehen; deshalb rate ich sehr stark davon ab, solche Primzahlen zu verwenden. Inzwischen ist die Liste von Sachen, die man vermeiden soll, recht beträchtlich und wächst von Tag zu Tag.

Trotzdem ist es, glaube ich, so, daß, wenn man wirlich eine sehr, sehr große Zahl nimmt, etwa eine 500stellige Zahl, die zufällig ist, es im Moment wirlich völlig ausgeschlossen ist, daß irgend jemand die Umkehrfunktion und damit die Faktorisierung finden kann. Bei Zahlen dieser Größenordnung gilt der Code, glaube ich, noch als sicher. Aber ich bin kein Spezialist und gehöre auch nicht dem

Geheimdienst an. Man würde es mir eh nicht sagen, wenn man inzwischen etwas entdeckt hätte.

Herr Depenbrock: Es gibt Leute, die behaupten, sie könnten wahrsagen. Haben Sie schon einmal geprüft, ob diese Wahrsager solche Primfaktoren raten können?

Herr Zagier: Die Vorhersagen dieser Leute treffen selten zu; leider stört sie das gar nicht. In England gab es einen Mann namens Arnold Arnold, der wochenlang mit Berichten in den Zeitungen stand, er hätte alle mathematischen Sätze bewiesen, die es je gegeben hat, das Dreikörperproblem, das letzte Theorem von Fermat usw. Er konnte alles beweisen, aber er konnte auch noch wahrsagen und z. B. Primzahlen von zusammengesetzten unterscheiden. Man hat ihm ganz riesige Zahlen gegeben, und er hat gesagt: Die ist prim.
Der Mathematiker N. Stephens hat in einem solchen Fall auf einer Rechenanlage in fünf Minuten einen Faktor gefunden. Aber irgendwie hat das die Öffentlichkeit und offenbar auch diesen Mann nicht im geringsten gestört. Die Antwort scheint also zu sein: Sie können wahrsagen; es funktioniert.

Herr Staufenbiel: Meine Frage hängt mit dem Problem zusammen, wie sicher der Code ist. Gibt es irgendeine Möglichkeit, Primfaktoren zu konstruieren, bei denen die Faktorisierung schwieriger ist als bei anderen? Damit wäre erreicht, daß man die Wahrscheinlichkeit der Auflösung heruntersetzt.

Herr Zagier: Ich habe einen solchen Vorschlag nie gehört. Er klingt aber eigentlich ganz interessant, und man könnte schon darüber nachdenken, ob das möglich ist. Prinzipiell ist das Problem so, daß die Frage zeitabhängig ist. Ich kann heute, nachdem ich gut auf dem laufenden über alles bin, was in der Literatur existiert und auf Tagungen erzählt wird, versuchen, Primzahlen oder zusammengesetzte Zahlen zu basteln, die für alle Methoden, die man bisher hat, besonders widerspenstig sind. Aber ich kann natürlich nie wissen, welche Methoden es morgen geben wird. Zum Beispiel war die Methode mit den CM-Kurven, die ich hier geschildert habe, völlig unerwartet. Man hat früher nicht daran gedacht, elliptische Kurven zu benutzen und ganz sicher nicht diese speziellen, obwohl man sie seit 150 Jahren kennt. Deshalb hätte man nie gewußt, daß es zum Beispiel gefährlich ist, wenn ich eine Zahl wie meine 9241 von vorhin nehme. (Das Beispiel ist zwar schlecht, weil es sich bei 9241 nicht um die Faktorisierung, sondern um die Primalität handelt, aber das Prinzip ist das gleiche.) Wenn ich da 1 addiere und zweimal 5 subtrahiere, weil nun 9241 als 5^2 plus noch ein Quadrat darstellbar ist, dann ist das Ergebnis 9232 leicht faktorisierbar, und das macht die Zahl 9241 vom Standpunkt des Tests besonders einfach. Man hätte aber niemals auf die Idee kommen können, daß nun gerade dieser Aspekt der Zahl wichtig sein könnte, wenn man nicht schon die Methode von Atkin gekannt hätte.

Ich glaube also, so etwas muß von der Natur der Sache her sehr zeitabhängig sein. Man kann deswegen höchstens versuchen – aber das geht dann in dieselbe Richtung wie die Frage vorhin –, Zahlen zu vermeiden, die vielleicht mit Methoden, die man heute kennt, zugänglich wären. Aber solche bilden nur einen kleinen Bruchteil aller Zahlen. Man konstruiert also nicht speziell schwierige, sondern man nimmt einfach die anderen, die schwer genug sind.

Veröffentlichungen
der Rheinisch-Westfälischen Akademie der Wissenschaften

Neuerscheinungen 1984 bis 1989

Vorträge N
Heft Nr.

NATUR-, INGENIEUR- UND
WIRTSCHAFTSWISSENSCHAFTEN

Heft	Autor	Titel
327	Hans-Heinrich Stiller, Jülich/Münster	Das Projekt Spallations-Neutronenquelle
	Klaus Pinkau, Garching	Stand und Aussichten der Kernfusion mit magnetischem Einschluß
328	Peter Starlinger, Köln	Transposition: Ein neuer Mechanismus zur Evolution
	Klaus Rajewsky, Köln	Antikörperdiversität und Netzwerkregulation im Immunsystem
329	Wilfried B. Krätzig, Bochum	Große Naturzugkühltürme – Bauwerke der Energie- und Umwelttechnik
	Helmut Domke, Aachen	Neue Möglichkeiten in der Konstruktiven Gestaltung von Bauwerken
330	Volker Ullrich, Konstanz	Entgiftung von Fremdstoffen im Organismus
331	Alexander Naumann †, Aachen	Fluiddynamische, zellphysiologische und biochemische Aspekte der Atherogenese unter Strömungseinflüssen
	Holger Schmid-Schönbein, Aachen	
332	Klaus Langer, Berlin	Die Farbe von Mineralen und ihre Aussagefähigkeit für die Kristallchemie
	Tasso Springer, Aachen/Jülich	Diffusionsuntersuchungen mit Hilfe der Neutronenspektroskopie
333	Wolfgang Priester, Bonn	Urknall und Evolution des Kosmos – Fortschritte in der Kosmologie
334	Raoul Dudal, Rom	Land Resources for the World's Food Production
	Siegfried Batzel, Herten	Der Weltkohlenhandel
335	Andreas Sievers, Bonn	Sinneswahrnehmung bei Pflanzen: Graviperzeption
336	Alain Bensoussan, Paris	Stochastic Control
	Werner Hildenbrand, Bonn	Über den empirischen Gehalt der neoklassischen ökonomischen Theorie
337	Jürgen Overbeck, Plön	Stoffwechselkopplung zwischen Phytoplankton und heterotrophen Gewässerbakterien
	Heinz Bernhardt, Siegburg	Ökologische und technische Aspekte der Phosphoreliminierung in Süßgewässern
338	Helmut Wolf, Bonn	Fortschritte der Geodäsie: Satelliten- und terrestrische Methoden mit ihren Möglichkeiten
	Friedel Hoßfeld, Jülich	Parallelrechner – die Architektur für neue Problemdimensionen
339	Claus Müller, Aachen	Symmetrie und Ornament (Eine Analyse mathematischer Strukturen der darstellenden Kunst)
		Jahresfeier am 9. Mai 1984
340	Karl Gertis, Essen	Energieeinsparung und Solarenergienutzung im Hochbau – Erreichtes und Erreichbares
	Paul A. Mäcke, Aachen	Die Bedeutung der Verkehrsplanung in der Stadtplanung – heute
341	Werner Müller-Warmuth, Münster	Einlagerungsverbindungen: Struktur und Dynamik von Gastmolekülen
	Friedrich Seifert, Kiel	Struktur und Eigenschaften magmatischer Schmelzen
342	Heinz Losse, Münster	Die Behandlung chronisch Nierenkranker mit Hämodialyse und Nierentransplantation
	Ekkehard Grundmann, Münster	Stufen der Carcinogenese
343	Otto Kandler, München	Archaebakterien und Phylogenie
	Achim Trebst, Bochum	Die Topologie der integralen Proteinkomplexe des photosynthetischen Elektronentransportsystems in der Membran
344	Marianne Baudler, Köln	Aktuelle Entwicklungstendenzen in der Phosphorchemie
	Ludwig von Bogdandy, Duisburg	Kontrolle von umweltsensitiven Schadstoffen bei der Verarbeitung von Steinkohle
345	Stefan Hildebrandt, Bonn	Variationsrechnung heute
346	3. Akademie-Forum	Umweltbelastung und Gesellschaft – Luft – Boden – Technik
	Hermann Flohn	Belastung der Atmosphäre – Treibhauseffekt – Klimawandel?
	Dieter H. Ehhalt	Chemische Umwandlungen in der Atmosphäre
	Fritz Führ u. a.	Belastung des Bodens durch lufteingetragene Schadstoffe und das Schicksal organischer Verbindungen im Boden
	Wolfgang Kluxen	Ökologische Moral in einer technischen Kultur
	Franz Josef Dreyhaupt	Tendenzen der Emissionsentwicklung aus stationären Quellen der Luftverunreinigung
	Franz Pischinger	Straßenverkehr und Luftreinhaltung – Stand und Möglichkeiten der Technik

347	Hubert Ziegler, München	Pflanzenphysiologische Aspekte der Waldschäden
	Paul J. Crutzen, Mainz	Globale Aspekte der atmosphärischen Chemie: Natürliche und anthropogene Einflüsse
348	Horst Albach, Bonn	Empirische Theorie der Unternehmensentwicklung
349	Günter Spur, Berlin	Fortgeschrittene Produktionssysteme im Wandel der Arbeitswelt
	Friedrich Eichhorn, Aachen	Industrieroboter in der Schweißtechnik
350	Heinrich Holzner, Wien	Hormonelle Einflüsse bei gynäkologischen Tumoren
351	4. Akademie-Forum	Die Sicherheit technischer Systeme
	Rolf Staufenbiel, Aachen	Die Sicherheit im Luftverkehr
	Ernst Fiala, Wolfsburg	Verkehrssicherheit – Stand und Möglichkeiten
	Niklas Luhmann, Bielefeld	Sicherheit und Risiko aus der Sicht der Sozialwissenschaften
	Otto Pöggeler, Bochum	Die Ethik vor der Zukunftsperspektive
	Axel Lippert, Leverkusen	Sicherheitsfragen in der Chemieindustrie
	Rudolf Schulten, Aachen	Die Sicherheit von nuklearen Systemen
	Reimer Schmidt, Aachen	Juristische und versicherungstechnische Aspekte
352	Sven Effert, Aachen	Neue Wege der Therapie des akuten Herzinfarktes
		Jahresfeier am 7. Mai 1986
353	Alarich Weiss, Darmstadt	Struktur und physikalische Eigenschaften metallorganischer Verbindungen
	Helmut Wenzl, Jülich	Kristallzuchtforschung
354	Hans Helmut Kornhuber, Ulm	Gehirn und geistige Leistung: Plastizität, Übung, Motivation
	Hubert Markl, Konstanz	Soziale Systeme als kognitive Systeme
355	Max Georg Huber, Bonn	Quarks – der Stoff aus dem Atomkerne aufgebaut sind?
	Fritz G. Parak, Münster	Dynamische Vorgänge in Proteinen
356	Walter Eversheim, Aachen	Neue Technologien – Konsequenzen für Wirtschaft, Gesellschaft und Bildungssystem
357	Bruno S. Frey, Zürich	Politische und soziale Einflüsse auf das Wirtschaftsleben
	Heinz König, Mannheim	Ursachen der Arbeitslosigkeit: zu hohe Reallöhne oder Nachfragemangel?
358	Klaus Hahlbrock, Köln	Programmierter Zelltod bei der Abwehr von Pflanzen gegen Krankheitserreger
359	Wolfgang Kundt, Bonn	Kosmische Überschallstrahlen
	Theo Mayer-Kuckuk, Bonn	Das Kühler-Synchrotron COSY und seine physikalischen Perspektiven
360	Frederick H. Epstein, Zürich	Gesundheitliche Risikofaktoren in der modernen Welt
	Günther O. Schenck, Mülheim/Ruhr	Zur Beteiligung photochemischer Prozesse an den photodynamischen Lichtkrankheiten der Pflanzen und Bäume (,Waldsterben')
361	Siegfried Batzel, Herten	Die Nutzung von Kohlelagerstätten, die sich den bekannten bergmännischen Gewinnungsverfahren verschließen
		Jahresfeier am 11. Mai 1988
362	Erich Sackmann, München	Biomembranen: Physikalische Prinzipien der Selbstorganisation und Funktion als integrierte Systeme zur Signalerkennung, -verstärkung und -übertragung auf molekularer Ebene
	Kurt Schaffner, Mülheim/Ruhr	Zur Photophysik und Photochemie von Phytochrom, einem photomorphogenetischen Regler in grünen Pflanzen
363	Klaus Knizia, Dortmund	Energieversorgung im Spannungsfeld zwischen Utopie und Realität
	Gerd H. Wolf, Jülich	Fusionsforschung in der Europäischen Gemeinschaft
364	Hans Ludwig Jessberger, Bochum	Geotechnische Aufgaben der Deponietechnik und der Altlastensanierung
	Egon Krause, Aachen	Numerische Strömungssimulation
365	Dieter Stöffler, Münster	Geologie der terrestrischen Planeten und Monde
	Hans Volker Klapdor, Heidelberg	Der Beta-Zerfall der Atomkerne und das Alter des Universums
366	Horst Uwe Keller, Katlenburg-Lindau	Das neue Bild des Planeten Halley – Ergebnisse der Raummissionen
	Ulf von Zahn, Bonn	Wetter in der oberen Atmosphäre (50 bis 120 km Höhe)
367	Jozef S. Schell, Köln	Fundamentales Wissen über Struktur und Funktion von Pflanzengenen eröffnet neue Möglichkeiten in der Pflanzenzüchtung
368	Frank H. Hahn, Cambridge	Aspects of Monetary Theory
370	Friedrich Hirzebruch, Bonn	Codierungstheorie und ihre Beziehung zu Geometrie und Zahlentheorie
	Don Zagier, Bonn	Primzahlen: Theorie und Anwendung
371	Hartwig Höcker, Aachen	Architektur von Makromolekülen
372	János Szentágothai, Budapest	Modulare Organisation nervöser Zentralorgane, vor allem der Hirnrinde
373	Rolf Staufenbiel, Aachen	Transportsysteme der Raumfahrt
	Peter R. Sahm, Aachen	Werkstoffwissenschaften unter Schwerelosigkeit
374	Karl-Heinz Büchel, Leverkusen	Die Bedeutung der Produktinnovation in der Chemie am Beispiel der Azol-Antimykotika und -Fungizide

ABHANDLUNGEN

Band Nr.

54	*Richard Glasser, Neustadt a. d. Weinstr.*	Über den Begriff des Oberflächlichen in der Romania
55	*Elmar Edel, Bonn*	Die Felsgräbernekropole der Qubbet el Hawa bei Assuan. II. Abteilung: Die althieratischen Topfaufschriften aus den Grabungsjahren 1972 und 1973
56	*Harald von Petrikovits, Bonn*	Die Innenbauten römischer Legionslager während der Prinzipatszeit
57	*Harm P. Westermann u. a., Bielefeld*	Einstufige Juristenausbildung. Kolloquium über die Entwicklung und Erprobung des Modells im Land Nordrhein-Westfalen
58	*Herbert Hesmer, Bonn*	Leben und Werk von Dietrich Brandis (1824–1907) – Begründer der tropischen Forstwirtschaft. Förderer der forstlichen Entwicklung in den USA. Botaniker und Ökologe
59	*Michael Weiers, Bonn*	Schriftliche Quellen in Moġolī, 2. Teil: Bearbeitung der Texte
60	*Reiner Haussherr, Bonn*	Rembrandts Jacobssegen. Überlegungen zur Deutung des Gemäldes in der Kasseler Galerie
61	*Heinrich Lausberg, Münster*	Der Hymnus ›Ave maris stella‹
62	*Michael Weiers, Bonn*	Schriftliche Quellen in Moġolī, 3. Teil: Poesie der Mogholen
63	*Werner H. Hauss, Münster* *Robert W. Wissler, Chicago,* *Rolf Lehmann, Münster*	International Symposium 'State of Prevention and Therapy in Human Arteriosclerosis and in Animal Models'
64	*Heinrich Lausberg, Münster*	Der Hymnus ›Veni Creator Spiritus‹
65	*Nikolaus Himmelmann, Bonn*	Über Hirten-Genre in der antiken Kunst
66	*Elmar Edel, Bonn*	Die Felsgräbernekropole der Qubbet el Hawa bei Assuan. Paläographie der althieratischen Gefäßaufschriften aus den Grabungsjahren 1960 bis 1973
67	*Elmar Edel, Bonn*	Hieroglyphische Inschriften des Alten Reiches
68	*Wolfgang Ehrhardt, Athen*	Das Akademische Kunstmuseum der Universität Bonn unter der Direktion von Friedrich Gottlieb Welcker und Otto Jahn
69	*Walther Heissig, Bonn*	Geser-Studien. Untersuchungen zu den Erzählstoffen in den „neuen" Kapiteln des mongolischen Geser-Zyklus
70	*Werner H. Hauss, Münster* *Robert W. Wissler, Chicago*	Second Münster International Arteriosclerosis Symposium: Clinical Implications of Recent Research Results in Arteriosclerosis
71	*Elmar Edel, Bonn*	Die Inschriften der Grabfronten der Siut-Gräber in Mittelägypten aus der Herakleopolitenzeit
72	(Sammelband)	Studien zur Ethnogenese
	Wilhelm E. Mühlmann	Ethnogonie und Ethnogenese
	Walter Heissig	Ethnische Gruppenbildung in Zentralasien im Licht mündlicher und schriftlicher Überlieferung
	Karl J. Narr	Kulturelle Vereinheitlichung und sprachliche Zersplitterung: Ein Beispiel aus dem Südwesten der Vereinigten Staaten
	Harald von Petrikovits	Fragen der Ethnogenese aus der Sicht der römischen Archäologie
	Jürgen Untermann	Ursprache und historische Realität. Der Beitrag der Indogermanistik zu Fragen der Ethnogenese
	Ernst Risch	Die Ausbildung des Griechischen im 2. Jahrtausend v. Chr.
	Werner Conze	Ethnogenese und Nationsbildung – Ostmitteleuropa als Beispiel
73	*Nikolaus Himmelmann, Bonn*	Ideale Nacktheit
74	*Alf Önnerfors, Köln*	Willem Jordaens, Conflictus virtutum et viciorum. Mit Einleitung und Kommentar
75	*Herbert Lepper, Aachen*	Die Einheit der Wissenschaften: Der gescheiterte Versuch der Gründung einer „Rheinisch-Westfälischen Akademie der Wissenschaften" in den Jahren 1907 bis 1910
76	*Werner H. Hauss, Münster* *Robert W. Wissler, Chicago* *Jörg Grünwald, Münster*	Fourth Münster International Arteriosclerosis Symposium: Recent Advances in Arteriosclerosis Research
78	(Sammelband)	Studien zur Ethnogenese, Band 2
	Rüdiger Schott	Die Ethnogenese von Völkern in Afrika
	Siegfried Herrmann	Israels Frühgeschichte im Spannungsfeld neuer Hypothesen
	Jaroslav Šašel	Der Ostalpenbereich zwischen 550 und 650 n. Chr.
	András Róna-Tas	Ethnogenese und Staatsgründung. Die türkische Komponente bei der Ethnogenese des Ungartums

Register zu den Bänden 1 (Abh 72) und 2 (Abh 78)

Sonderreihe PAPYROLOGICA COLONIENSIA

Vol. I
Aloys Kehl, Köln — Der Psalmenkommentar von Tura, Quaternio IX

Vol. II
Erich Lüddeckens, Würzburg,
P. Angelicus Kropp O. P., Klausen,
Alfred Hermann und Manfred Weber, Köln — Demotische und Koptische Texte

Vol. III
Stephanie West, Oxford — The Ptolemaic Papyri of Homer

Vol. IV
Ursula Hagedorn und Dieter Hagedorn, Köln,
Louise C. Youtie und Herbert C. Youtie, Ann Arbor — Das Archiv des Petaus (P. Petaus)

Vol. V
Angelo Geißen, Köln
Wolfram Weiser, Köln — Katalog Alexandrinischer Kaisermünzen der Sammlung des Instituts für Altertumskunde der Universität zu Köln
Band 1: Augustus-Trajan (Nr. 1–740)
Band 2: Hadrian-Antoninus Pius (Nr. 741–1994)
Band 3: Marc Aurel-Gallienus (Nr. 1995–3014)
Band 4: Claudius Gothicus–Domitius Domitianus, Gau-Prägungen, Anonyme Prägungen, Nachträge, Imitationen, Bleimünzen (Nr. 3015–3627)
Band 5: Indices zu den Bänden 1 bis 4

Vol. VI
J. David Thomas, Durham — The epistrategos in Ptolemaic and Roman Egypt
Part 1: The Ptolemaic epistrategos
Part 2: The Roman epistrategos

Vol. VII
Bärbel Kramer und Robert Hübner (Bearb.), Köln — Kölner Papyri (P. Köln)
Band 1
Bärbel Kramer und Dieter Hagedorn (Bearb.), Köln — Band 2
Bärbel Kramer, Michael Erler, Dieter Hagedorn und Robert Hübner (Bearb.), Köln — Band 3
Bärbel Kramer, Cornelia Römer und Dieter Hagedorn (Bearb.), Köln — Band 4
Michael Gronewald, Klaus Maresch und Wolfgang Schäfer (Bearb.), Köln — Band 5
Michael Gronewald, Bärbel Kramer, Klaus Maresch, Maryline Parca und Cornelia Römer (Bearb.) — Band 6

Vol. VIII
Sayed Omar (Bearb.), Kairo — Das Archiv des Soterichos (P. Soterichos)

Vol. IX
Dieter Kurth, Heinz-Josef Thissen und Manfred Weber (Bearb.), Köln — Kölner ägyptische Papyri (P. Köln ägypt.)
Band 1

Vol. X
Jeffrey S. Rusten, Cambridge, Mass. — Dionysius Scytobrachion

Vol. XI
Wolfram Weiser, Köln — Katalog der Bithynischen Münzen der Sammlung des Instituts für Altertumskunde der Universität zu Köln
Band 1: Nikaia. Mit einer Untersuchung der Prägesysteme und Gegenstempel

Vol. XII
Colette Sirat, Paris u. a. — La *Ketouba* de Cologne. Un contrat de mariage juif à Antinoopolis

Vol. XIII
Peter Frisch, Köln — Zehn agonistische Papyri

Vol. XIV
Ludwig Koenen, Ann Arbor
Cornelia Römer (Bearb.), Köln — Der Kölner Mani-Kodex.
Über das Werden seines Leibes. Kritische Edition mit Übersetzung.

GPSR Compliance
The European Union's (EU) General Product Safety Regulation (GPSR) is a set of rules that requires consumer products to be safe and our obligations to ensure this.

If you have any concerns about our products, you can contact us on

ProductSafety@springernature.com

In case Publisher is established outside the EU, the EU authorized representative is:

Springer Nature Customer Service Center GmbH
Europaplatz 3
69115 Heidelberg, Germany